上海市工程建设规范

消防设施物联网系统技术标准

Technical standard for internet of things system of fire protection facilities

DG/TJ 08－2251－2018

J 14149－2018

主编单位：华东建筑设计研究总院
　　　　　上海市消防局
批准部门：上海市住房和城乡建设管理委员会
施行日期：2018 年 5 月 1 日

U0321594

同济大学出版社

2018　上海

图书在版编目(CIP)数据

消防设施物联网系统技术标准 / 华东建筑设计研究
总院,上海市消防局主编.--上海:同济大学出版社,
2018.3(2024.9重印)

ISBN 978-7-5608-7769-3

Ⅰ.①消… Ⅱ.①华… ②上… Ⅲ.①互联网络-应
用-建筑物-消防设备-系统设计-技术标准②智能技术
-应用-建筑物-消防设备-系统设计-技术标准
Ⅳ.①TU892-39

中国版本图书馆 CIP 数据核字(2018)第 045515 号

消防设施物联网系统技术标准

华东建筑设计研究总院
上海市消防局   主编

策划编辑   张平官

责任编辑   朱   勇

责任校对   徐春莲

封面设计   陈益平

出版发行   同济大学出版社   www.tongjipress.com.cn

         (地址:上海市四平路 1239 号   邮编:200092   电话:021-65985622)

经   销   全国各地新华书店

印   刷   浦江求真印务有限公司

开   本   889mm×1194mm   1/32

印   张   4.5

字   数   121000

版   次   2018 年 3 月第 1 版

印   次   2024 年 9 月第 4 次印刷

书   号   ISBN 978-7-5608-7769-3

定   价   36.00 元

上海市住房和城乡建设管理委员会文件

沪建标定〔2018〕5号

上海市住房和城乡建设管理委员会
关于批准《消防设施物联网系统技术标准》
为上海市工程建设规范的通知

各有关单位：

由华东建筑设计研究总院和上海市消防局主编的《消防设施物联网系统技术标准》，经审核，现批准为上海市工程建设规范，统一编号为 DG/TJ 08－2251－2018，自 2018 年 5 月 1 日起实施。

本规范由上海市住房和城乡建设管理委员会负责管理，华东建筑设计研究总院负责解释。

特此通知。

上海市住房和城乡建设管理委员会
二〇一八年一月四日

前　言

本标准根据上海市住房和城乡建设管理委员会《关于印发〈2016 年上海市工程建设规范编制计划〉的通知》（沪建管〔2015〕871 号）的要求，由华东建筑设计研究总院、上海市消防局会同有关单位共同编制完成。

本标准在编制过程中，编制组遵照国家有关基本建设的方针和"预防为主、防消结合"的消防工作方针，服务经济社会的发展，在总结消防物联网系统技术的研究成果、结合本市试点单位的工程实践经验、借鉴国内外的先进技术的基础上，进行了国内的调查研究，广泛征求了有关科研、制造、设计、维保检测、消防设施物联网服务商、消防监督等部门和单位的意见，经反复修改和讨论，并通过专家审查定稿。

本标准共分 9 章，其主要内容有：总则、术语、基本规定、系统感知设计、系统传输设计、系统应用、施工、系统调试与验收、运维管理等。

在执行本标准中，希望各单位注意总结经验。如有意见或建议，请反馈至华东建筑设计研究总院《消防设施物联网系统技术标准》管理组（地址：上海市黄浦区汉口路 151 号；邮编：200002；E-mail：qi_yang@ecadi.com），或上海市建筑建材业市场管理总站（地址：上海市徐汇区小木桥路 683 号；邮编：200032；E-mail：bzglk@shjjw.gov.cn），供今后修订时参考。

请注意本标准的某些内容可能涉及专利。本标准的发布机构不承担识别这些专利的责任。

　主 编 单 位：华东建筑设计研究总院

　　　　　　　　上海市消防局

参 编 单 位：上海瑞眼科技有限公司

中国科学院上海微系统与信息技术研究所

上海金盾消防智能科技有限公司

公安部上海消防研究所

参 加 单 位：上海中泰消防科技有限公司

上海华宿电气股份有限公司

苏州洪恩流体科技有限公司

上海梦泰消防技术有限公司

主 要 起 草 人：张俊杰　顾金龙　杨　琦　唐永革　徐　军

虞利强　黄　鹏　龚晓鸣　闵永林　马伟骏

王　晔　黄　恺　陈　强　周国华　赵建龙

朱磊基　张　磊　熊　勇　徐　凡

主 要 审 查 人：夏　林　隋虎林　范永清　高哲鸣　侯忠辉

李怀宁　寿炜炜　王国平

上海市建筑建材业市场管理总站

2017 年 7 月

目　次

Contents

1 总　则

1.0.1　为了合理设计消防设施物联网系统,保障施工质量,规范验收和维护管理,强化消防设施的检查和测试,提高消防设施的完好率,预防和减少火灾危害,保护人身和财产安全,制定本标准。

1.0.2　本标准适用于本市工业、民用、市政等建设工程的消防设施物联网系统的设计、施工、验收和运维管理。

1.0.3　消防设施物联网系统的设计、施工、验收和运维管理应遵循国家的法律、法规以及"预防为主、防消结合"的工作方针和政策,针对消防设施的使用特点和消防的运维、检测要求,结合工程自身的特点,采用有效的技术措施,统筹兼顾,做到安全可靠、技术先进、经济合理。

1.0.4　工程中采用的消防设施物联网系统的组件和设备应符合国家现行产品标准和准入制度的要求。

1.0.5　消防设施物联网系统的设计、施工、验收和运维管理,除应符合本标准的规定外,尚应符合国家和本市现行有关标准的规定。

2 术 语

2.0.1 消防设施物联网系统 internet of things(IoT)system of
fire protection facilities;FIoT

通过信息感知设备,按消防远程监控系统约定的协议,连接
物、人、系统和信息资源,将数据动态上传至信息运行中心;把消
防设施与互联网相连接进行信息交换,实现将物理实体和虚拟世
界的信息进行交换处理并作出反应的智能服务系统。

2.0.2 系统体系架构 system architecture of FIoT

对消防设施物联网系统的概念模型、整体架构、组成部分等
不同部分之间的关系描述。

2.0.3 消防数据交换应用中心 application center of fire data switching

在消防设施物联网系统管理层中,接受和调用各消防设施物
联网系统的业主应用平台或系统运行平台的信息,对消防数据进
行集中分析和应用的管理平台。它可对业主应用平台或系统运
行平台推送相关的消防信息。

2.0.4 系统运行平台 system operation platform of FIoT

在消防设施物联网系统应用层中,负责处理信息并输出结
果,为业主应用平台、物业应用平台、维保应用平台提供后台支撑
服务,并可以与消防数据交换应用中心进行信息交换的基础
平台。

2.0.5 业主应用平台 owner application platform

供业主使用的消防设施物联网,并可以与消防数据交换应用
中心进行信息交换的应用平台。

2.0.6 物业应用平台 property application platform

供物业单位或人员使用的消防设施物联网的应用平台。

2.0.7 维保应用平台 maintenance application platform

供维保、检测的单位和人员使用的消防设施物联网的应用平台。

2.0.8 信息运行中心 information center of FIoT

消防设施物联网系统应用层中,具有一定分析能力、处理能力,并能存储数据的信息中心。

2.0.9 物联网用户信息装置 user information device of FIoT

用于接收物联网用户及其消防设施的主要信息和感知采集的信息,通过有线或无线方式发送信息,将数据汇聚到信息运行中心,并能对物理实体发出物联监测信息的装置。它设置在消防设施物联网的用户端。

2.0.10 水系统信息装置 network device of fire water system

用于采集、交换消防给水系统中感知信息的物联监测装置。

2.0.11 风系统信息装置 network device of smoke control and smoke exhaust system

用于采集、交换消防机械防烟和机械排烟系统(设施)中感知信息的物联监测装置。

2.0.12 消防风机信息监测装置 information monitoring device of fire fan

能够实时获取消防风机的启/停、手/自动、电源和故障的状态信息,并能通过网络进行数据传输的物联监测装置。

2.0.13 消防泵信息监测装置 information monitoring device of fire pump

能够实时获取消防水泵的启/停、手/自动、电源和故障的状态信息,并能通过网络进行数据传输的物联监测装置。

2.0.14 消防泵流量和压力监测装置 monitoring and test device of flow and pressure for fire pump;PMD

根据现行国家标准《消防给水及消火栓系统技术规范》GB 50974的规定所设置的、具有感知系统流量和压力功能的物联监测装置。它可以采用手动控制或自动控制。

2.0.15 末端试水监测装置 monitoring and test deviceat the end;ETD

设置在消防给水系统最不利点处的，设有压力传感器和试水接头或消火栓水枪的末端试水装置。它可以采用手动控制或自动控制。

试水接头或消火栓水枪的出水口流量系数应等同于其供水分区内消防给水设备的最小流量系数。

2.0.16 手持终端 handheld terminals of FIoT;FHT

在消防设施物联网中，以智能化检测消防设施、自动采集检测数据为基础，利用物联网技术，实现消防设施数据的移动采集，具有定位、信息上传功能的手持的移动终端物联监测装置。

2.0.17 视频采集终端 video collector

对视频图像进行采集、压缩、传输的设备。它是多媒体信息数据采集的一种形式。

2.0.18 物联监测 monitoring and test of FIoT

采用物联网的技术，依据消防标准对消防设施的功能进行测试性的检查、检测和监视，并将数据上传的行为。

2.0.19 物联巡查 patrol of FIoT

采用物联网的技术，巡查人员按照预先设定的路线对消防设施的各巡查点进行巡视，进行消防设施直观的检查。

2.0.20 消防设施物联网服务 service of FIoT

按照消防数据交换应用中心的管理要求，提供消防设施物联网系统，进行消防设施物联网服务的能力和行为。

3 基本规定

3.1 一般规定

3.1.1 消防设施物联网系统应符合下列规定：

    1 不得降低原有消防设施的技术性能指标。

    2 不得影响原有消防设施的功能。

    3 不得降低原有消防设施的可靠性。

    4 不得对消防设施运行状态进行控制。

3.1.2 消防设施物联网系统不应排斥消防设施的其他检查、测试、维护的技术和方法。

3.1.3 消防设施物联网系统的安全应具有机密性、完整性、可用性、私密性的保护，并应具有可能涉及的真实性、责任制、不可否认性和可靠性等属性。

3.1.4 消防设施物联网系统应通过数据采集上传的元数据，进行数据挖掘、数据分析、数据融合。

3.2 系统的设置

3.2.1 设有下列自动消防系统（设施）之一的建筑物或构筑物，应设置消防设施物联网系统：

    1 自动喷水灭火系统。

    2 机械防烟或机械排烟系统（设施）。

    3 火灾自动报警系统。

3.2.2 当需要设置消防设施物联网系统时，建筑物或构筑物内的消防给水及消火栓系统、自动喷水灭火系统、机械防烟和机械排烟系统、火灾自动报警系统应接入消防设施物联网系统，其他消防设施宜接入消防设施物联网系统。

3.2.3 设有消防设施物联网系统的建筑或单位应设物联网用户信息装置。物联网用户信息装置的设置除应符合现行国家和行业标准《消防控制室通用技术要求》GB 25506、《消防控制室通用技术要求》GA 767 的有关规定外，还应符合下列规定：

　　1 应设置在消防控制室内。当物联网用户未设有消防控制室时，物联网用户信息装置宜设置在有人值班的场所。

　　2 物联网用户信息装置的设置应与消防设施的服务范围相一致。

3.2.4 水系统信息装置、风系统信息装置宜分别设置在消防水泵房、消防风机房或消防控制室内。

3.2.5 消防泵信息监测装置、消防风机信息监测装置宜就近在消防水泵、消防风机的位置设置。不同的消防水泵、消防风机可以合用信息监测装置。

3.2.6 消防泵信息监测装置可与水系统信息装置结合设置。消防风机信息监测装置可与风系统信息装置结合设置。水系统信息装置、风系统信息装置可与物联网用户信息装置结合设置。

3.2.7 消防泵信息监测装置、消防风机信息监测装置可与对应设备的配电柜相结合设置。

　　当消防泵信息监测装置或水系统信息装置与消防水泵控制柜结合设置时，其消防水泵控制柜应符合消防产品的认证规定。

3.2.8 信息运行中心的设置应符合下列规定：

　　1 应设置在耐火等级为一、二级的建筑物中。

　　2 应符合现行国家标准《建筑设计防火规范》GB 50016 中消防控制室的有关规定。

　　3 不应设置在电磁场干扰较强或其他影响数据正常工作的部位。

3.3 系统体系架构

3.3.1 消防设施物联网的系统体系架构自下而上应由感知层、传输层、应用层、管理层构成(见图3.3.1)。

3.3.2 感知层的数据采集来源可采用传感器、电子标签、视频采集终端、物联监测、物联巡查等。所采集的数据应上传至物联网用户信息装置。

3.3.3 消防设施系统宜按不同的消防设施系统分别采集,并应汇总到相应系统的采集装置。

3.3.4 传输层应包括传输网络、传输协议和传输安全。

3.3.5 网络数据的传输应具有传输效率及响应速度的实时性,并应有身份认证、数据安全加密及数据传输过程中的安全性。

3.3.6 传输网络可采用有线或者无线传输网络,并宜符合下列规定:

    1 对于有线传输网络宜采用光纤。

    2 对于无线传输网络宜采用物联网专网、移动蜂窝网络公网。

3.3.7 应用层应采用支撑服务技术,并应通过信息运行中心进行数据应用。

3.3.8 支撑服务技术宜采用消息队列、内存计算、负载均衡、并行运算、协议处理、运维管理和实时报警等技术手段。

3.3.9 信息运行中心宜采用分布式数据库、分布式文件系统、海量存储和数据分析处理等技术手段。

3.3.10 数据应用平台应包括系统运行平台、业主应用平台、物业应用平台和维保应用平台等应用平台。

3.3.11 管理层应包括消防数据交换应用中心和管理中心,并应对消防设施物联网系统监管。

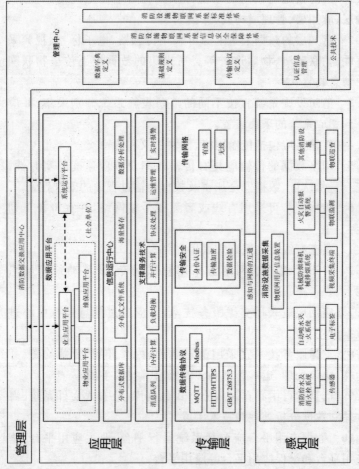

图 3.3.1 消防设施物联网系统的体系架构

3.4 系统的功能和性能

3.4.1 消防设施物联网系统应具有联网用户信息、消防设施的日常管理信息及其信息交换的功能，并应符合现行国家标准《城市消防远程监控系统技术规范》GB 50440 和《城市消防远程监控系统》GB 26875 的有关规定。

3.4.2 消防设施物联网系统的管理中心应建立统一的标识、安全、服务质量(QoS)、网管等公共技术。

3.4.3 数据应用平台的功能应符合下列规定：

1 应在 GIS 上实时展示所采集消防设施的运行状态信息。

2 应能支持数据访问的接口。

3 应支持人员自主注册，并可通过角色定义访问权限。

4 应具备信息查询、显示、推送(通知)的功能。

5 应支持视频的接入。

6 应具备人员管理功能和信息的可维护性。

7 应对采集的消防设施故障信息报警。

3.4.4 水系统信息装置应包含各类水灭火系统的采集信息，并可包括各类气体灭火系统等其他灭火系统的采集信息。风系统信息装置应包含机械防烟和机械排烟设施系统的采集信息。

3.4.5 手持终端宜支持传感器采集压力、风速、温度、湿度等信息，并应具有定位和支持采集数据的上传功能。

3.4.6 消防设施物联网系统的 APP 功能应符合下列规定：

1 应支持 IOS 操作系统和 Android 操作系统。

2 应与信息运行中心的数据互通。

3 应具有现场取证、点位记录、现场拍照、定位、信息的查看和确认等功能。

3.4.7 消防设施物联网的数据应用平台、信息运行中心、物联网用户信息装置应采用中文界面。

3.4.8 消防设施物联网系统的性能指标应符合下列要求：

1 从物联网用户信息装置获取火灾报警信息到信息运行中心接收显示的响应时间不应大于 10s。

2 信息运行中心向 119 报警服务台或上海市应急联动中心转发经确认后的火灾报警信息的时间不应大于 3s。

3 从物联网用户信息装置获取消防水泵、防排烟风机手动、自动状态信息，压力传感器、电气火灾监控探测、可燃气体探测等传感器的异常信息到信息运行中心接受显示的响应时间不应大于 20s。

4 压力传感器、电气火灾监控探测、可燃气体探测等传感器以及水系统信息装置、风系统信息装置的数据上传周期不应大于 30min。

5 物联网用户信息装置与水系统信息装置、水系统信息装置与消防泵信息监测装置、物联网用户信息装置与风系统信息装置、风系统信息装置与风机信息监测装置之间的通信巡检周期不应大于 30min。

6 物联网用户信息装置与信息运行中心之间的通信巡检周期不应大于 30min。

7 采集的信息记录应备份。其保存周期不应小于 1 年，视频文件的保存周期不应小于 6 个月。

8 信息系统的安全等级必须达到第三级安全保护能力。

3.4.9 消防设施物联网系统宜采用消防电源供电，物联网用户信息装置应采用消防电源供电。

3.4.10 信息运行中心的数据库设备应采用消防电源供电，并应符合下列规定：

1 应具有主电源、备用电源自动转换功能。

2 备用电源的容量应能保证传输设备连续正常工作时间不小于 24h。

3.4.11 数据应用平台的性能应符合下列规定：

1 应用平台应具备消防设施基于室内地图的展示功能，并宜支持三维地图展示。

2 应提供 Web、APP、数据接口、短信、微信、语音电话等使用方式。

3 应能够查询建筑物基本信息、单位基本信息、人员基本信息、消防设施基本信息、消防设施统计信息、消防设施报警信息、消防设施联动信息、消防设施故障信息、消防设施屏蔽及物联监测信息、消防设施维修信息、消防巡检信息、消防维保信息、人员活动信息、消防设施物联网设备实时运行状态等信息。

4 应支持视频查看，并可通过 APP 查看实时视频流。

5 应对所有操作进行日志记录。

3.4.12 信息运行中心的传输能力、处理能力、存储能力应支持在线扩展。其性能应符合下列规定：

1 数据安全和存储可靠性应不小于 99.99%。

2 所有传输层的数据传输必须是加密传输，用户信息传输装置应支持多链路的自动切换。

3 应支持负载均衡、异地灾备。数据的保存时间应符合本标准第 3.4.8 条第 7 款的规定，且应支持至少 1 个以上的数据备份，备份时间不得大于 24h。

4 感知层设备应具备实时数据上传的能力，并应支持从数据应用平台发起的实时数据请求。

5 应支持动态更新、局部快速更新、动态功能扩展，并应确保每日 24h 的服务可用性。

6 应提供基于 HTTP、HTTPS 的数据访问接口，其接口协议应符合本标准第 5.2.1 条、第 5.2.2 条和第 5.2.3 条的规定。

7 系统运行平台的信息运行中心应支持 5000 个以上的建筑物联网实时数据并发接入，并应支持 10000TPS 以上的并发访问量。

3.4.13 消防设施物联网设备应通过时间服务器自动同步时间。

3.4.14 信息运行中心收到火灾报警、屏蔽、故障、消音信息后，应能智能分析判断火警、屏蔽、故障屏蔽、消音信息的等级，并应按报警等级相应地选择短信、微信、语音电话、人工客服的方式实时推送给社会单位消控室人员、消防安全管理人、消防安全责任人和消防维保人员。

推送的信息可通过 APP 进行相应查看、确认等操作。

3.4.15 信息运行中心收到消防联动信息,应能智能分析、判断、统计、汇总相关的联动信息,并应自动生成消防设施运行状态的报告。

报告可通过 APP、Web 端等方式将信息推送到社会单位、维保单位和行业主管部门。

3.4.16 物联网用户信息装置的性能应符合下列规定:

1 应符合现行国家标准《城市消防远程监控系统 第 1 部分:用户信息传输装置》GB 26875.1 的相关要求,并应取得消防产品的认证。

2 应支持有线和无线两种传输方式,并应支持 TCP 和 UDP 传输协议模式。

3 应内置支持市场主流报警主机的通信协议,并应支持远程升级。

4 应具备多个 RS485 接口、支持通过 Modbus 通信协议接收感知层传感器数据,并应汇总上传至信息运行中心。

3.4.17 消防设施物联网系统中,消防设施状态的实时显示信息应符合下列规定:

1 应显示消防水泵、消防风机、火灾自动报警系统设备的供电电源和备用电源的工作状态信息。

2 应显示火灾报警信息、可燃气体探测报警信息、电气火灾监控报警信息以及各系统中的报警信息、屏蔽信息和故障信息。

3 应显示消防水泵、消防风机的手动/自动工作状态、启动/停止动作状态、故障状态信息。

4 应显示消防水箱(池)水位和管网压力信息以及其报警信息的正常工作状态信息和动作状态信息。

3.4.18 消防设施物联网系统的设备(含传感器)的防护等级应

适应所在环境的要求。

除与消防水泵设置在同一空间设备的防护等级不应低于IP55外,其余设备的防护等级不应低于IP30。

3.4.19 消防设施数据采集的功能和性能应符合下列规定:

1 数据采集应具备准确性和实时性。

2 感知设备应具有稳定性。其应能够不受环境因素的干扰,并应能稳定地工作。

3 感知设备应具持久性。对于通过电池供电的设备,应保证最短连续工作时间不少于 3 年,且传感器的整体工作寿命应不低于3 年。

4 感知设备的位置设置和数据采集应以不影响现有的消防设施正常运行和不破坏现有消防设备为前提条件,并应符合感知设备的性能要求。

3.4.20 消防设施物联网系统应对物联监测的点位异常状态进行及时报警,并应立即上报。

3.4.21 爆炸性、腐蚀性等特殊环境应用的消防设施物联网传感器、手持终端等组件和设备应选用满足国家防爆、耐腐蚀检测规定的组件和设备。

3.4.22 物联巡查应对消防设施的属性、位置、状态和人员活动记录。

3.4.23 消防泵信息监测装置、消防风机信息监测装置对事件的记录应至少保存 1000 条,可采用循环的存储方式,并宜有声和光的报警功能。

3.4.24 消防泵流量和压力监测装置的性能宜符合下列规定:

1 应用的环境温度宜为 0℃~50℃。

2 机械振动的频率不宜大于 55Hz,振幅不宜大于 0.55mm。

3 环境电磁场不宜大于 400A/m。

4 测量精度不应大于 0.5%。

5 功耗在启动时不宜大于 300W,正常运行时不宜大于 50W。

4 系统感知设计

4.1 一般规定

4.1.1 消防设施物联网系统传感器的物联监测设置应根据使用功能、应用场所、火灾危险性、扑救难度、现场联网条件等因素确定。

4.1.2 感知层的设施数据采集应优先利用原有消防设施已有的感知信息。

4.1.3 消防设施物联网系统的物品编码应符合现行国家标准《物联网标识体系物品编码 Ecode》GB/T 31866 的有关规定。

4.1.4 传感器选择应符合下列规定：

 1 应满足检查点目标物联监测位置、压力、压差、流量、水位等信息的设计要求。

 2 可通过集成传感模块、数模转换模块、数据通信传输模块等信息采集处理功能模块，构成一体化的信息采集传感器，并宜支持远程参数配置。

 3 传感器的采样频率应不低于 1 次/min，数据传输频率应不低于 2 次/h。

 4 传感器的工作环境温度、湿度应满足所处环境和系统的设计要求。

 5 消防给水的压力传感器量程宜为 0～2.4MPa。

 6 传感器应具备零基准点校正功能。

4.1.5 电子标签的选用应符合下列规定：

 1 电子标签可采用 RFID 标签、NFC 标签、二维码标签、蓝牙标签、Wi-Fi 标签。

2 物联巡查的各巡视点应设置电子标签。沿物联巡查路线宜设置在消火栓箱、卷帘门、变配电柜等消防设备的设施部件。

3 电子标签的存储信息应包含设备 ID,并应通过数据映射方法确定唯一的消防设施部件及消防安全重点部位的信息。

4 电子标签采用二维码标签时,宜选用防水性能良好的材料。

5 现场设备状态更新信息宜写入 RFID 标签。RFID 标签可采用被动式类型的标签。

6 NFC 读取时间不宜大于 2ms,读取次数必须大于 100 000 次,读取距离应大于 20mm 且应小于 100mm,工作频率为 13.56MHz。

4.1.6 视频采集终端的选用应符合现行行业标准《安全防范视频监控摄像机通用技术要求》GA/T 1127 的规定,并应符合下列规定:

1 应能实时监测目标点位的现场状况。

2 应至少为高清晰度摄像机,图像质量应不低于 CIF 格式,且应支持日夜模式。

3 应具备本机循环存储功能,且存储实时视频图像时间不小于 24h。

4 应具备网络接口。

5 应至少支持 IPv4 寻址方式。

6 应具有动态域名解析功能。

4.1.7 传感器的供电宜采用 24V 的直流电源。

4.1.8 消防泵信息监测装置、消防风机信息监测装置应感知、监测消防水泵、消防风机的信息应符合本标准第 3.4.17 条第 1 款和第 3 款的规定,并可人工或自动巡检。

4.2 消防给水及消火栓系统

4.2.1 消防设施物联网系统中,消防给水及消火栓系统物联监测的感知设置应符合下列规定：

    1 应设置水系统信息装置、消防泵信息监测装置，并宜设置消防泵流量和压力监测装置。

    2 试验消火栓处应设置末端试水监测装置，其他消防给水各分区最不利处的消火栓或试验消火栓宜设压力传感器或预留手持终端的接口。

    3 高位消防水箱、转输消防水箱和消防水池内应设置水位传感器。

    4 消防水泵的进水总管、出水总管上应设置压力传感器。

    5 总体消防引入管的消防水表后宜设置压力传感器。

4.2.2 消防给水管道上设置的压力传感器应在系统管道上接出支管或利用原有压力表的连接支管，支管的长度不宜大于500mm，并应在压力传感器前设置检修的阀门。

    消防给水管道的开口或支管的管道连接宜采用沟槽连接件（卡箍）连接，其支管的管径宜尽可能与消防给水管道的管径接近。

4.2.3 消防泵流量和压力监测装置内应设置压力传感器和流量传感器。

4.2.4 末端试水监测装置联动启动的动作时间不应大于30s，并宜配备电动阀。

4.2.5 消火栓系统末端试水监测装置的信号反馈装置应在其开启后输出信号。当试验排水时，其采集的压力数据应实时上传。

4.2.6 消防泵信息监测装置的消防水泵应处于自动状态。当消防水泵处于手动状态时，水系统信息装置和物联网用户信息装置应发出预警信息，并且应将信息上传至消防设施物联网应用平台。

4.3 自动喷水灭火系统

4.3.1 消防设施物联网系统中,自动喷水灭火系统物联监测的感知设置应符合下列规定:

1 消防给水的要求应符合本标准第 4.2.1 条第 1 款、第 3 款、第 4 款和第 5 款的规定。

2 每个报警阀组控制的最不利点喷头处应设置末端试水监测装置。其他防火分区、楼层宜设压力传感器或预留手持终端的接口。

4.3.2 自动喷水灭火系统的末端试水监测装置应符合下列规定:

1 应符合现行国家标准《自动喷水灭火系统 第 21 部分:末端试水装置》GB 5135.21 的规定。

2 末端试水监测装置的信号反馈装置应在其开启后输出信号。当试验排水时,其采集的压力数据应实时上传。

4.3.3 压力传感器、流量传感器、水位传感器、消防泵流量和压力监测装置、水系统信息装置、消防泵信息监测装置的要求应符合本标准第 4.2.2 条、第 4.2.3 条和第 4.2.6 条的规定。

4.4 机械防烟和机械排烟系统

4.4.1 消防设施物联网系统中,机械防烟和机械排烟系统物联监测的感知设置应符合下列规定:

1 应设置风系统信息装置和消防风机信息监测装置。

2 消防风机的前后风管上应设置差压传感器。

4.4.2 差压传感器应将采集的信号上传至消防风机信息监测装置。

4.4.3 机械防烟和机械排烟系统可采用手持终端对加压送风口和防火分区内排烟口的风量进行检测。

4.5 火灾自动报警系统

4.5.1 消防设施物联网系统应对火灾自动探测报警系统、消防联动控制系统进行物联监测,数据采集的内容应满足现行国家标准《火灾自动报警系统设计规范》GB 50116 中附录 A 的要求。

4.5.2 消防设施物联网系统应对电气火灾监控系统进行物联监测。数据采集的信息应包括已有的电气火灾监控器中的数据信息,并应采集电气火灾监控器的故障信息。

4.5.3 消防设施物联网系统应对可燃气体报警系统进行物联监测。数据采集的信息应包括已有的可燃气体报警控制器中的数据信息,并应采集可燃气体报警控制器的故障信息。

4.5.4 消防设施物联网系统应采集消防设备供电的主电源和备用电源的交流或直流电源的工作状态信息以及过压、欠压、过流、缺相、短路等故障信息和消防设备电源监控系统本身的程序故障、通信等故障信息,并应上传至信息运行中心。

4.6 其他消防设施

4.6.1 自动跟踪定位射流灭火系统、水喷雾灭火系统、细水雾灭火系统、泡沫灭火系统、固定消防炮灭火系统物联监测的感知设置应符合本标准第 4.3.1 条、第 4.3.2 条第 2 款和第 4.3.3 条的规定。

4.6.2 气体灭火系统和二氧化碳灭火系统物联监测的感知设置应符合下列规定:

　　1 应采集显示气体控制盘手动和自动的信息和系统报警、喷放、故障的信息。

　　2 应设置系统压力泄漏传感器、灭火剂质量传感器。

　　3 宜设置气体保防护区域的气密性传感器。

4.6.3 消防应急照明和疏散指示系统物联监测的感知设置应符合下列规定：

1 消防应急照明和疏散指示标志宜采用电子标签、物联巡查，并应符合现行国家标准《消防安全标志》GB 13495 和《消防应急照明和疏散指示系统》GB 17945 的有关规定。

2 应采集消防应急照明和疏散指示系统的故障状态和应急工作状态的信息。

4.6.4 消防应急广播系统的物联监测的感知设置应采集消防应急广播的启动、停止的运行状态和故障报警的信息。

4.6.5 消防专用电话物联监测的感知设置应采集消防专用电话故障状态的信息。

4.6.6 防火分隔设施物联监测的感知设置应符合下列规定：

1 信息采集宜采用电子标签、物联巡查。

2 应采集防火卷帘控制器、防火门控制器工作状态、电源状态和故障状态的信息。

4.6.7 消防电梯物联监测的感知设置应符合下列规定：

1 应采集消防电梯迫降信息。

2 应采集消防电梯的停用和故障状态信息。

4.6.8 建筑灭火器的物联监测的感知设置应符合下列规定：

1 建筑灭火器传感器宜采用电子标签、物联巡查。

2 电子标签应采用可靠的物理手段固定在灭火器适宜、明显的位置上，并不得破坏灭火器结构的本体性能。

4.6.9 电动排烟窗、电动挡烟垂壁和其他联动设备物联监测的感知设置应显示联动设备的启动、停止或动作状态的信息，并应符合现行行业标准《建筑消防设施检测技术规程》GA 503 的规定。

4.6.10 消防控制室、消防水泵房应设置视频采集终端，并应对采集的信息进行监视。

视频采集终端可接入原有的安防系统，并应满足消防设施物联网的远程查看的功能。

5 系统传输设计

5.1 传输网络

5.1.1 通信传输的基本要求应符合现行国家标准《城市消防远程监控系统》GB 26875 的有关规定。

5.1.2 传输网络应确保其传输的可靠性。

5.1.3 信息运行中心至消防数据交换应用中心的传输网络宜采用运营商专线的方式直接接入城市的骨干网。

5.1.4 物联网用户信息装置到信息运行中心的传输网络可采用公用通信网或专用通信网。

数据传输宜采用以太网、光纤、窄带物联网或物联网专网。

5.1.5 传感器至物联网用户信息装置或信息运行中心的传输网络可采用有线通信、无线通信或有线无线结合通信等多种数据通信传输方式。

有线通信传输宜采用以太网、RS485,不应采用电力线载波通信方式;无线通信传输宜采用蜂窝、LoRa、NB-IoT、eLTE、Wi-Fi等通信方式,不宜采用 ZigBee 通信方式。

5.2 传输协议与传输安全

5.2.1 消防设施物联网系统的传输协议应符合现行国家标准《城市消防远程监控系统 第 3 部分:报警传输网络通信协议》GB/T 26875.3的有关规定。

5.2.2 信息运行中心至消防数据交换应用中心的传输协议宜采用 HTTP、HTTPS 协议,其应用接口的协议应符合附录 A 平台接口的标准定义的规定。

5.2.3 物联网用户信息装置至信息运行中心的传输协议可采用TCP或UDP协议。

5.2.4 传感器至物联网用户信息装置或信息运行中心的传输协议宜采用TCP、UDP或Modbus协议,其物联网协议宜采用MQTT、CoAP协议。

5.2.5 传感器的信号接口应符合现行国家标准《信息技术传感器网络 第701部分:传感器接口:信号接口》GB/T 30269.701的有关规定。

5.2.6 消防设施物联网系统应通过身份认证、传输加密、数据校验等方式确保数据传输的安全性,并应符合现行国家标准《信息安全技术信息系统安全等级保护基本要求》GB/T 22239的有关规定。

6 系统应用

6.1 一般规定

6.1.1 应用层的设计应具有开放性、标准性和容灾性。

6.1.2 消防设施物联网服务的软件应建立系统运行平台,并应根据服务对象的不同需求建立业主应用平台、物业应用平台和维保应用平台等其他管理平台。

6.1.3 消防设施物联网服务宜设有供每日24h人工客服和数据应用平台管理的值班室,并宜对监测的异常信息及时报警和通知。

6.1.4 数据应用平台应对未按照规范要求进行维护保养工作的社会单位进行提醒,并应将相关信息通知到单位的消防安全管理人和相关行业主管部门。

6.2 数据处理与系统运行

6.2.1 信息运行中心应对收集的数据进行有组织的数据处理,系统运行平台应输出数据处理的结果。

6.2.2 消防设施物联网服务应支持数据的及时维护和更新,并应建立确保数据有效性的数据维护更新机制。

6.2.3 数据处理应支持10000TPS以上的并发接入量的需求。

6.2.4 系统运行平台的数据处理输出应包含以下内容:

    1 完整的火警、故障事件处理记录分析。

    2 建筑物或构筑物消防设施完好率的历史记录及实时分析。

3 物业处理及时率、巡检达标率、维修及时率等统计信息。

4 日常维保的及时性及标准性分析、维保联动记录、维保报告。

5 月度建筑物消防安全报告及年度建筑消防设施安全风险的评估报告。

6.2.5 系统运行平台应提供消防数据交换应用中心信息可识别和可视化的展示。

6.2.6 系统运行平台中联动数据信息的展示应符合下列规定：

1 联动信息的状态应包含点位描述、设备类型、消防系统、设备状态、设备点位。

2 联动信息的可视化展示应从火警点位到每个联动点位，以及相关消防设施实现联动关系的完整展示。

6.3 社会单位

6.3.1 社会单位在接入消防设施物联网系统后，应采用业主应用平台和物业应用平台。

6.3.2 业主应用平台和物业应用平台除应符合本标准第6.1节的规定外，还应符合下列规定：

1 应支持火警、故障的通知和在线处理流程，并应对流程的全过程进行跟踪。

2 应支持联动信息的分析和展示。

3 应对物联监测和物联巡查的信息进行实时通知，并应支持自定义物联监测级别和通知方式。

4 可在线查看维保单位对消防设施的维护保养报告。

5 可在线监督维保单位对消防设施在规定的时间内进行日常维护和保养。

6 可在线查看月度和年度的建筑消防设施安全风险的评估报告。

7 应支持消防电子档案查询。

8 应提供消防法律法规查询功能。

9 应支持通过数据分析处理结果给出消防安全评分。

10 应能对重大火灾隐患进行及时的提示。

6.3.3 业主应用平台和物业应用平台可结合消防设施安全评分、月度消防设施安全风险评估报告、年度消防设施安全风险评估报告，并应给出社会单位对自身消防设施运行、维护的改善和提升措施。

6.3.4 社会单位应根据维护保养报告对维保单位的维保质量予以监督和评价。

6.3.5 社会单位应接受消防部门的监督、执法、检查等相关任务，并应配合及时完成。

6.4 维保单位

6.4.1 社会单位在接入消防设施物联网系统后，应采用维保应用平台。

6.4.2 维保应用平台除应符合本标准第 6.1 节的规定外，还应符合下列规定：

1 应支持在线故障处理流程，并应在线处理、指派、分工指定人员处理故障和记录维修结果。

2 应有维保流程。宜支持在线进行消防设施日常维护保养，并应记录相应消防设施报警、联动信息，生成维保报告。

3 可在线查看社会单位对于维保工作的评价。

4 可在线查看月度和年度的建筑消防设施安全风险的评估报告。

6.4.3 维保应用平台应提醒维保单位及时对故障进行修复。由于业主因素未能及时修复，维保单位应通过维保应用平台的在线故障处理功能上传相应的凭证。

6.4.4 维保单位应利用在线维保功能按规定及时进行维保工作。

6.4.5 维保单位应根据社会单位维保评价反馈,并应进行自身的改进工作。

6.4.6 维保单位应根据月度建筑物消防安全风险评估报告、年度建筑物或构筑物消防安全风险评估报告中提示的问题,对消防设施潜在隐患进行及时的处理。

6.5 管理部门

6.5.1 消防数据交换应用中心应由公安机关或公安消防机构建立,并应对消防设施物联网系统进行监管。

6.5.2 消防数据交换应用中心应对消防设施物联网系统的数据交换接口标准进行定义,并应提供系统运行平台的数据交换接口。

6.5.3 消防数据交换应用中心应能收集、展示、分析、研判和推送消防信息,并可通过设定相应的监督管理规则对违法、违规行为进行监管。

6.5.4 消防数据交换应用中心应支持与政府的其他信息平台对接和数据共享。

6.5.5 管理中心应对公共技术、安全保障体系和标准体系进行管理。

7 施　工

7.1　一般规定

7.1.1　消防设施施工应由具有消防设施工程专业承包资质的施工队伍承担。

7.1.2　消防设施物联网系统的分部工程、子分部工程、分项工程，宜按本标准附录 B 划分。

7.1.3　消防设施物联网系统施工应按设计要求编制施工方案或施工组织设计。施工现场应具有相应的施工技术标准、施工质量管理体系和工程质量检验制度，并应按本标准附录 C 中的消防设施物联网系统的施工现场质量管理检查记录要求由施工单位质量检查员填写有关记录。

　　监理工程师应对消防设施物联网系统的施工现场质量管理检查记录进行检查，并应做出检查结论。

7.1.4　消防设施物联网系统的施工前应具备下列条件：

　　1　施工图应经国家相关机构审查审核批准或备案后再施工。

　　2　平面图、系统图（展开系统原理图）、详图等图纸及说明书、设备表、材料表以及消防设施对外输出接口技术参数、通信协议、系统调试方案等技术文件应齐全。

　　3　设计单位应向施工、建设、监理单位进行技术交底。

　　4　系统主要设备、组件、管材管件及其他设备、材料，应能保证正常施工。

　　5　施工现场及施工中使用的水、电、气应满足施工要求。

7.1.5　消防设施物联网系统工程的施工应按批准的工程设计文件和施工技术标准进行施工。

7.1.6 消防物联网系统施工过程中,施工单位应做好设计变更、安装调试等相关记录。

7.1.7 消防设施物联网系统工程的施工过程质量控制,应按下列规定进行:

1 应校对、审核图纸,并应复核是否同施工现场一致。

2 各工序应按施工技术标准进行质量控制。每道工序完成后,应进行检查,并应检查合格后再进行下道工序。检查不合格,应进行整改。

3 相关各专业工种之间应进行交接检验,并应经监理工程师签证后再进行下道工序。隐蔽工程在隐蔽前应进行验收,并应形成验收文件。

4 安装工程完工后,施工单位应对消防物联网系统的安装质量进行全数检查,并应按有关专业调试规定进行调试。

5 调试完工后,施工单位应向建设单位提供质量控制资料和各类施工过程质量检查记录。

6 施工过程质量检查组织应由监理工程师组织施工单位人员组成。

7 施工过程质量检查记录应按本标准附录 D 中表 D.0.1 的要求填写,消防设施物联网系统的调试应按附录 D 中表 D.0.2 的要求记录。

7.1.8 消防设施物联网系统质量控制资料应按本标准附录 E 的要求由监理工程师(建设单位项目负责人)组织施工单位项目负责人进行验收和填写。

7.1.9 消防设施物联网系统分部工程质量验收应由建设单位组织施工、监理和设计等单位相关人员进行,并应按本标准附录 F 的要求填写消防设施物联网系统工程验收记录,并应按本标准附录消防设施物联网系统工程验收记录的表 F.0.1、消防设施物联网系统验收设备安装位置信息登记的表 F.0.2、消防设施物联网系统水系统验收标准的表 F.0.3 的要求填写。

7.1.10 施工完成后不得影响原有消防设施系统的消防功能。

7.1.11 在施工期间,因施工需要临时停用火灾自动报警系统、消火栓系统、自动喷水灭火系统、机械防烟和机械排烟系统等消防设施时,应采取必要的加强措施和确保消防安全的专项应急预案。

7.1.12 现场的施工作业应选择合适的工作时段,并应尽量减少对周边环境的影响。

7.1.13 施工单位应落实施工现场的安全管理工作,并应明确专人负责完善各项安全防护设施。若确因施工需要动用明火的情况,应当遵守管理方的有关制度,并应落实现场安全监护的措施。

7.1.14 工程中所选用的设备、材料应符合消防产品质量标准,并应提供有效期内的型式检验报告、产品质量认证证书和产品出厂合格证明等文件。

7.1.15 消防设施物联网系统的现场施工应符合现行国家标准《建筑给水排水及采暖工程施工质量验收规范》GB 50242、《通风与空调工程施工质量验收规范》GB 50243、《风机、压缩机、泵安装工程施工及验收规范》GB 50275、《建筑电气工程施工质量验收规范》GB 50303、《建筑物电子信息系统防雷技术规范》GB 50343、《消防通信指挥系统施工及验收规范》GB 50401 的有关规定。

7.2 进场检验

7.2.1 消防设施物联网系统施工前,应对设备、材料及配件进行进场检查,检查不合格者不得使用。设备、材料及配件进入施工现场应具备产品的清单、使用说明书、产品合格证书、国家法定质检机构的检验报告等文件,且规格、型号应符合设计要求。

　　检查数量:全数检查。

　　检查方法:检查相关资料。

7.2.2 传感器的检验应符合下列要求:

　　1 传感器的参数应满足设计要求。

2 压力传感器的产品质量应符合现行国家和行业标准《压力传感器》JBT 6170、《工业自动化系统与集成工业应用中的分布式安装 第 1 部分：传感器和执行器》GB/T 25110.1、《电阻应变式压力传感器总规范》GB/T 18806、《压阻式压力传感器总规范》SJ/T10429、《硅基压力传感器》GB/T 28855、《硅压阻式动态压力传感器》GB/T 26807、《金属电容式压力传感器》JB/T 12596、《电自动控制器压力传感器》JB/T 12860 和《压力传感器性能试验方法》GB/T 15478 的有关规定。

3 流量传感器的产品质量应符合现行行业标准《均速管流量传感器》JB/T 5325、《插入式涡街流量传感器》JB/T 6807、《涡轮流量传感器》JB/T 9246、《涡街流量传感器》JB/T 9249 的有关规定。

4 水位传感器的产品质量应符合现行国家标准《水位测量仪器》GB/T 11828 的有关规定。

5 末端试水装置的产品质量应符合现行国家标准《自动喷水灭火系统 第 21 部分：末端试水装置》GB 5135.21 的有关规定。

6 视频采集终端的产品质量应符合现行行业标准《安全防范视频监控摄像机通用技术要求》GA/T 1127 的有关规定。

7 火灾自动报警系统的感知的产品质量应符合现行国家标准《火灾自动报警系统设计规范》GB 50116、《消防联动控制系统》GB 16806、《电气火灾监控系统》GB 14287、《电气控制设备》GB/T 3797、《消防设备电源监控系统》GB 28184 的有关规定。

检查数量：全数检查。

检查方法：直观检查和查验认证文件。

7.3 安 装

7.3.1 消防设施物联网系统安装应符合下列要求：

1 室内布线安装应符合现行国家标准《建筑电气工程施工质量验收规范》GB 50303 的有关要求。

2 防雷接地安装应符合现行国家标准《建筑物电子信息系统防雷技术规范》GB 50343 的有关要求。

检查数量：全数检查。

检查方法：观察检查及在安装的布线两端、电气装置上测试，主要测试设备有电流表、电压表。

7.3.2 消防设施物联网系统设备的安装应符合下列要求：

1 设备应根据实际工作环境合理摆放、安装牢固、适宜使用人员的操作，并应留有检查、维护的空间。

2 设备和线缆应设永久性标识，且标识应正确、清楚。

3 设备连线应连接可靠、捆扎固定、排列整齐，不得有扭绞、压扁和保护层断裂等现象。

4 物联网用户信息装置应具备网络通信条件。

5 水系统信息装置和风系统信息装置的安装应牢固，并应便于拆卸维护。

6 压力传感器、流量传感器与消防给水管道连接应保证连接处无渗漏，水位传感器应按设计要求安装。

7 增加的消防给水管道开口或分支管的连接应采用沟槽连接件(卡箍)连接，并应符合现行国家标准《自动喷水火系统 第 11 部分：沟槽式管接件》GB 5135.11 的规定。

8 视频采集终端应安装在视角宽阔、无阻挡的位置，并应具备网络通信条件。

9 安装完成后应做好设备标识及安装位置信息记录，可按本标准附录 F 中的表 F.0.2《消防设施物联网系统验收设备安装位置信息登记表》预先填写。

检查数量：全数检查。

检查方法：核实设计图、核对产品的使用说明书、直观检查。

7.3.3 消防设施物联网系统使用的操作系统、数据库系统等平台软件应具有软件使用(授权)许可证，并宜采用技术成熟的商业化软件产品。

8 系统调试与验收

8.1 系统调试

8.1.1 消防设施物联网系统应在施工完成后进行系统调试。软件系统调试应由消防设施物联网服务商承担。

8.1.2 消防设施物联网系统调试前应具备下列条件：

    1 系统各设备和平台的软件应按设计要求安装完毕。

    2 消防设施物联网系统的安装应符合本标准第 7.3.1 条的要求。

    3 系统中的各用电设备应分别进行单机在线检查。

    4 应制定调试和试运行方案。

8.1.3 系统调试应包括下列内容：

    1 传感器的调试和测试。

    2 消防泵信息监测装置的调试和测试。

    3 消防风机信息监测装置的调试和测试。

    4 水系统信息装置的调试和测试。

    5 风系统信息装置的调试和测试。

    6 物联网用户信息装置的调试和测试。

    7 系统运行平台的测试。

8.1.4 物联网用户信息装置的调试和测试应符合下列要求：

    1 应模拟一起火灾报警，并应检查用户信息装置接收火灾报警信息的完整性。物联网用户信息装置应在 10s 内按照规定的通信协议和数据格式将信息通过报警传输网络传送到消防设施物联网数据应用平台。

    2 应模拟建筑消防设施的各种状态，并应检查用户信息装置接收信息的完整性。物联网用户信息装置应在20s内按照规定的通信协议和数据格式将信息通过报警传输网络传送至消防设施物联网数据应用平台。

3 应同时模拟一起火灾报警和建筑消防设施运行状态,并应检查消防设施物联网数据平台接收信息的顺序是否体现火警优先原则。

4 物联网用户信息装置应进行自检操作,并应报告自检情况。

检查数量:全数检查。

检查方法:用秒表检查。

8.1.5 消防泵信息监测装置和水系统信息装置的调试和测试应符合下列要求:

1 应校验给水信息采集传感器设备水压数值与机械压力表数值一致性。

2 应检查给水信息采集传感器设备数据发送端口、地址等信息是否正确。

3 应查询信息运行中心的数据库,并应校验给水信息采集传感器设备水压数值、设备号等相关信息是否成功发送并写入数据库。

4 应支持事件型状态发送需模拟一次水压状态变化情况的给水信息采集。应查询信息运行中心的数据库,且应校验事件型状态变化信息是否成功发送并写入数据库。

检查数量:全部检查。

检验方法:直观检查。

8.1.6 消防风机信息监测装置和风系统信息装置的调试和测试应符合下列要求:

1 应校验风信息采集传感器设备风量数值与具有计量认证的手持式风速仪数值的一致性。

2 应检查风信息采集传感器设备数据发送端口、地址等信息是否正确。

3 应查询信息运行中心的数据库,校验风信息采集传感器设备风量数值、设备号等相关信息是否成功发送并写入数据库。

4 应支持事件型状态发送的风信息采集器需模拟一次风量状态变化情况。应查询信息运行中心的数据库,且应校验事件型状态变化信息是否成功发送并写入数据库。

检查数量:全部检查。

检验方法:直观检查。

8.1.7 消防设施物联网系统视频采集终端的调试应符合下列要求:

1 应上电检查视频采集终端视频清晰度是否满足应用需求。

2 应检查视频采集终端数据发送端口、地址等信息是否正确。

3 应查看视频采集终端视频流、像素帧等控制情况。应在支持发起指令后的 3min 内发回现场实时的一秒一帧、连续五帧视频流关键帧或等效照片。

检查数量:按数量抽查 30%,不应少于 2 件。

检验方法:使用秒表等仪表和直观检查。

8.1.8 系统运行平台的测试应符合下列要求:

1 应通过 Web 平台和手机 APP 分别访问系统,并应根据使用说明书校验各个功能模块的正常工作及数据准确性。

2 应模拟火警、故障报警对通知方式进行验证,并应进行完整的处理流程测试。

3 应对本标准第 3.4 节规定的功能进行验证。

检查数量:全部检查。

检验方法:直观检查。

8.2 系统验收

8.2.1 系统竣工后,必须进行工程验收。验收应由建设单位组织质量检查、设计、施工、监理等单位参加。验收不合格不应投入使用。

8.2.2 消防设施物联网系统工程验收应按本标准附录 F 的要求填写各表。

8.2.3 系统验收时，施工单位应提供下列资料：

1 竣工验收申请报告、设计文件、竣工资料。

2 系统设备清单、产品的检验报告、合格证及相关材料。

3 消防设施物联网系统的调试报告。

4 工程质量事故处理报告。

5 施工现场质量管理检查记录。

6 消防设施物联网系统施工过程质量管理检查记录。

7 消防设施物联网系统的质量控制检查资料。

8.2.4 消防设施物联网系统与原有消防设施系统的关系应符合本标准第 7.1.10 条的规定。

8.2.5 消防设施物联网系统验收中主要设备的每次试验或检查应正常，且试验或检查的次数符合下列要求：

1 消防设施物联网系统中各设备功能验收均应试验 1 次。

2 消防设施物联网系统中各平台功能验收均应检查 1 次。

3 消防设施物联网系统各项通信功能验收均应进行 3 次通信试验。

4 消防设施物联网系统集成功能验收应检查、试验 2 次。

检查数量：全数检查。

检查方法：对照图纸、设备直观检查。

8.2.6 消防设施物联网系统中应对主要的消防设施数据采集设备的功能进行验收。除应符合本标准第 3.4.16 条、第 3.4.17 条和第 3.4.19 条的规定外，还应符合对下列设备的功能进行验收：

1 传感器应符合本标准第 4.1.4 条的要求。

2 电子标签应符合本标准第 4.1.5 条的要求。

3 视频采集终端应符合本标准第 4.1.6 条的要求。

检查数量：抽查数量 10%，且总数每系统不应少于 10 个，合格率应为 100%。

检查方法:直观检查和采用仪表检测。

8.2.7 消防设施物联网系统中应对下列主要软件或设备的功能进行验收:

1 系统运行平台和业主应用平台的软件应对软件的系统功能、信息安全和系统可靠性进行评价和测试,且应合格,并应满足本标准第 3.4.3 条和第 7.3.3 条的规定。

2 消防设施物联网系统的 APP 功能应符合本标准第 3.4.6 条的规定。

3 应用层中的数据应用平台的性能应符合本标准第 3.4.11 条和第 3.4.12 条的规定。

4 物联网用户信息装置的性能应符合本标准第 3.4.16 条的规定。

检查数量:全数检查。

检查方法:资料检查、直观检查和采用仪表检测。

8.2.8 消防设施物联网系统集成验收应包括:

1 消防设施物联网系统主要功能应符合本标准第 3.4.1 条的要求。

2 消防设施物联网系统主要性能指标应符合本标准第 3.4.8 条的要求。

3 消防设施物联网系统网络安全性应符合本标准第 5.2.5 条的要求。

4 消防设施物联网的系统应用应符合本标准第 6.1 节的要求。

5 消防设施物联网系统安装应符合本标准第 7.1.7 条和第 7.1.10 条的要求。

6 消防设施物联网系统技术文件应符合本标准第 7.1.3 条、第 7.1.4 条、第 7.1.5 条、第 7.1.6 条和第 7.1.9 条的要求。

检查数量:全数检查。

检查方法:直观检查和采用仪表检测。

8.2.9 消防设施物联网系统工程质量验收判定条件应符合下列规定:

1 系统工程质量缺陷应按本标准附录 G 要求划分。判定等级划分为严重缺陷项(A)、重缺陷项(B)和轻缺陷项(C)。

2 系统验收合格判定应为 A＝0,且 B≤2,且 B＋C≤5 为合格,否则为不合格。

8.2.10 验收不合格的消防设施物联网系统应限期整改。整改完毕进行试运行,然后应进行复验。试运行时间不应少于 1 个月,复验不合格的消防设施物联网系统,应再次整改并试运行,直至验收合格。

9 运维管理

9.1 一般规定

9.1.1 消防设施物联网系统的运行及维护管理应由具有独立法人资格的单位承担。消防设施物联网服务商的主要技术人员应由从事火灾报警、消防设备、计算机软件、网络通信等专业 5 年以上(含 5 年)经历的人员担任。

9.1.2 消防设施物联网系统的运行操作人员上岗前应具备熟练操作设备的能力。

9.1.3 消防设施物联网系统的日常检查应按本标准的规定进行,并应制定相应的操作规程。

9.1.4 消防设施物联网系统正式运行后,应每日 24h 不间断运行,不得随意关闭系统的运行。但系统发生故障或需要维护停止、系统停用,应向消防数据交换应用中心报备同意。

9.1.5 运行和维护的其他要求应符合现行国家标准《城市消防远程监控系统技术规范》GB 50440 中的有关规定。

9.2 运行管理

9.2.1 消防设施物联网系统感知设备的运行管理应符合下列规定:

1 消防设施物联网用户应将消防设施物联网系统感知设备纳入到自身的巡检和巡查工作中,记录设备的现场工作状态、电源状态、电池容量等数据。一旦发现异常,应及时通知相关服务商或对应运维人员进行处理。

2 对于水压力传感器,在巡查过程中应将其读数与对应位置压力表进行对比。若有明显差异,应及时报告。

3 对于其他感知设备,应在巡查中将物联网 APP 上显示的状态与现场状态进行对比,并应确保其数据的有效性。

4 不得擅自停止或影响感知设备的正常工作。若确实需要进行调整,应向消防设施物联网服务商进行报告,并应做好相关记录,且应及时恢复感知设备的正常工作。

9.2.2 消防设施物联网系统网络的运行管理应符合下列规定:

1 社会单位和消防物联网服务商应对正常运行中的消防设施物联网系统进行在线物联监测。当出现数据中断的情况,应及时进行处理。

2 当消防设施物联网系统感知设备使用的为运营商网络时,消防物联网服务商应确保其处于可用状态。

3 消防设施物联网系统的感知设备宜将其现场网络状况上传至信息运行中心。

4 网络质量应确保网络传输的稳定。

9.2.3 信息运行中心的数据库安全管理应符合下列规定:

1 系统数据库应建立完善的三级体系结构容灾系统,整套系统应包括数据存储子系统、数据备份子系统、灾难恢复子系统。

2 系统数据库应实现数据库本地和异地容灾。

3 系统关键业务数据应用平台的系统容灾应确保本地数据与异地容灾数据的一致性。

4 系统数据库关键系统业务应实现应用级容灾,关键应用服务器异地应用切换时间不应大于 10s。

5 系统数据库数据备份子系统应透明、自动化实现,并应提供良好的管理功能。

6 系统数据库 RPO、RTO 要求应达到秒级别,并应要求异地和本地的数据格式一致。

7 系统数据库要求数据实现异地灾备时必须具备断点续传

和带宽控制功能。

8 当本地数据库不可用时,系统应随时调用异地数据库确保系统的正常运行。

9.2.4 消防设施物联网系统的运行安全管理应符合下列规定:

1 对用户访问网络资源的权限应有严格的认证和控制,并应采用用户名对用户进行使用模块的访问控制。

2 用户的访问权限可由消防设施物联网系统负责人提出。

3 运维管理人员应严格监督数据库使用权限、用户密码使用情况,并宜定期更换用户口令密码。

4 内容过滤应对网络内容进行物联监测、过滤。

5 安全审计应有安全性、可靠性测试评估。

9.2.5 消防设施物联网系统的网络安全管理应符合下列规定:

1 系统数据传输必须经过数据加密和认证。

2 系统运维管理人员应对网络进行实时异常流量物联监测。

3 系统运维管理人员应定期主动对网络系统进行实时查询、物联监测,并应及时对故障进行有效地隔离、排除和恢复工作。

4 系统应采用协议隔离技术确保信息传输的安全。

5 系统应有攻击防御与溯源安全措施。

9.2.6 消防设施物联网系统的终端安全管理应符合下列规定:

1 对消防物联网系统的软件、设备、设施的安装、调试、排除故障等应由专业的技术人员负责,其他单位和个人不得自行拆卸、安装任何软、硬件设施。

2 系统主机应设有防火墙。

3 系统终端必须安装防病毒软件。

9.3 维护管理

9.3.1 设置消防设施物联网系统的单位应有系统的管理制度、检查检测、设备运行、巡检及故障记录、系统操作与运行安全制度、应急管理制度、网络安全管理制度、数据备份与恢复方案、维护保养的操作规程等技术文档，并应保证系统处于工作状态。

9.3.2 消防设施物联网系统的维护管理可按本标准附录 H 的要求进行，并应符合现行国家和行业标准《建筑消防设施的维护管理》GB 25201、《建筑消防设施的维护管理》GA 587 的有关规定。

9.3.3 维护管理人员应掌握和熟悉消防给水系统、火灾自动报警系统等消防设施的原理、性能和操作规程。

9.3.4 设置消防设施物联网系统的单位应进行定期检查和测试，并应符合下列规定：

　　1 与设置在消防物联网指挥中心或其他接警处中心的火警信息终端之间的通信测试应每日至少进行 1 次。

　　2 应每日检查 1 次各设备的时钟。

　　3 应定期进行系统运行日志整理。

　　4 应定期检查数据库使用情况，必要时宜对硬盘进行扩充。

　　5 应每半年按本标准的要求进行系统集成功能检查、测试。

　　6 应定期向系统运行平台上传消防安全管理信息。

9.3.5 消防设施物联网系统的消防地理信息应及时更新。

9.3.6 物联网用户信息装置应定期进行检查和测试，并应符合下列规定：

　　1 应每日进行至少 1 次自检功能检查。

　　2 应每半年现场断开设备电源，进行设备检查与除尘。

　　3 由火灾自动报警系统等建筑消防设施模拟生成火警，进行火灾报警信息发送试验，每月试验次数不应少于 2 次，且每次试验的地点应不重复，并对测试的数据应有标识分类。

4 物联网用户信息装置的主电源和备用电源应进行切换试验,每半年的试验次数不应少于1次。

9.3.7 设置消防设施物联网系统的单位应向消防数据交换应用中心提供该单位消防设施故障情况统计月报表。

9.3.8 当消防设施物联网系统的用户人为停止火灾自动报警系统等消防设施运行时,应提前3d通知消防数据交换应用中心;当消防设施物联网系统用户的消防设施故障造成误报警超过5次/d,且不能及时修复时,应与消防数据交换应用中心协商处理办法。

9.3.9 感知设备应维护保养。其维护保养应符合下列规定:

1 应巡回检查:仪表显示情况,仪表示值有无异常;环境温度、湿度、清洁状况;仪表和工艺接口、导压管和阀门之间有无泄漏、腐蚀。

2 应检查设备:检查仪表使用质量,达到准确、灵敏,指示误差、静压误差符合要求,零位正确;仪表零部件完整无缺,无严重锈垢、损坏,铭牌清晰无误,紧固件不得松动,接插件接触良好,端子接线牢固。

3 应定期维护:定期检查零点,定期进行校验;传感器宜每年进行1次校准;定期进行排污、排凝、放空;定期对易堵介质的导压管进行吹扫,定期灌隔离液。对易感染、易腐蚀生锈的设备、管道、阀门宜定期清洁、除锈、注润滑剂。

4 以蓄电池作为后备电源的消防设备,应按照产品说明书的要求定期对蓄电池进行维护。

5 消防设备维护保养应按现行国家标准《消防给水及消火栓系统技术规范》GB 50974、《自动喷水灭火系统施工及验收规范》GB 50261、《水喷雾灭火系统设计规范》GB 50219、《细水雾灭火系统技术规范》GB 50898、《固定消防炮灭火系统设计规范》GB 50338、《泡沫灭火系统施工验收规范》GB 50281、《气体灭火系统施工及验收规范》GB 50263、《建筑灭火器配置验收及检查规范》GB 50444、《火灾自动报警系统施工及验收规范》GB 50166、《城市消防远程监控系统技术规范》GB 50440 等相关的规定。未明确的宜按照产品说明书的要求定期进行维护保养。

6 对于使用周期超过产品说明书标识寿命的易损件、消防设备,以及经检查测试已不能正常使用的火灾探测器、压力容器、灭火剂等设备应及时更换。

附录 A 系统运行平台接口的标准定义

A.0.1 系统运行平台接口应满足管理层中消防数据交换应用中心与应用层中系统运行平台之间的数据交互接口要求。

A.0.2 系统运行平台接口的标准应能基于 HTTP 或 HTTPS 的访问,并应满足从消防数据交换应用中心访问系统运行平台。

A.0.3 系统运行平台的接口定义应包括登录认证接口、获取建筑物信息接口、获取物联网单位信息接口、获取消防控制室人员信息接口、获取消防设施运行信息接口、获取报警主机信息接口、获取水系统信息接口、获取风系统信息接口、获取部件状态接口、事件查询接口等。

A.0.4 登录接口应为 http://系统运行平台域名或 IP 地址/login。域名或 IP 地址应由消防设施物联网服务商提供。登录接口的参数和描述应符合表 A.0.4 的规定。

表 A.0.4 登录接口的参数、字段类型和描述

参数	字段类型	描述
USERID	VARCHAR(20)	用户 ID
PASSWORD	VARCHAR(20)	登录密码
KEY	VARCHAR(32)	密钥

系统运行平台在接收到登录请求后,应对用户名密码和密钥进行验证,并应在验证通过后返回一个 32 位字符串的 Token,再用于后续访问的认证。Token 的生命周期应为 60min。

USERID、PASSWORD、KEY 应由消防数据交换应用中心定义后提供给系统运行平台。

A.0.5 获取建筑物或构筑物信息接口应为 http://系统运行平

台域名或 IP 地址/getbuildinginfo/buildingID。建筑物或构筑物
信息接口的参数、字段类型和描述宜符合表 A.0.5 的规定。

表 A.0.5　建筑物或构筑物信息接口的参数、字段类型和描述

参数	字段类型	描述
ID	CHAR(32)	主键（UUID）
BID	CHAR(32)	建筑物 ID
OID	CHAR(32)	建筑管理单位 ID
B_NAME	VARCHAR(200)	建筑名称
B_ADDRESS	VARCHAR(200)	建筑地址
XZQY	CHAR(6)	6 位行政区域编码（应符合现行国家标准《中华人民共和国行政区划代码》GB 2260 的规定）
STREET	CHAR(3)	3 位街道编码（应符合现行国家标准《县以下行政区划代码编码规则》GB 10114 的规定）
ROAD	VARCHAR(60)	路名
MNPH	VARCHAR(20)	门弄牌号
LDZ	VARCHAR(20)	楼栋幢
ADDRESS_DETAIL	VARCHAR(200)	详细地址
GIS_X	NUMBER(13,10)	地理坐标经度的十进制表达
GIS_Y	NUMBER(13,10)	地理坐标纬度的十进制表达
LINKMAN	VARCHAR(50)	联系人
LINKPHONE	VARCHAR(50)	联系电话
B_STATE	CHAR(1)	建筑情况 1 使用中
B_TIME	DATE	竣工时间
PROPERT_RIGHT	CHAR(1)	建筑产权及使用情况：0 独家产权，独立使用；1 独立产权，多家使用；2 多家产权、多家使用

参数	字段类型	描述
B_AREA	NUMBER(10,2)	建筑面积
B_ZD_AREA	NUMBER(10,2)	占地面积
B_HIGHT	NUMBER(6,2)	建筑高度
B_ZC_AREA	NUMBER(10,2)	标准层面积
UP_FLOOR	NUMBER(3)	地上层数
UP_FLOOR_AREA	NUMBER(10,2)	地上面积
UNDER_FLOOR	NUMBER(3)	地下层数
UNDER_FLOOR_AREA	NUMBER(10,2)	地下面积
B_SORT	VARCHAR(20)	建筑分类
B_STRTURE	VARCHAR(20)	建筑结构
B_STRTURE1	VARCHAR(100)	建筑其他结构
CTRLROOM_PLACE	VARCHAR(100)	消防控制室位置
FIRE_RATE	VARCHAR(10)	耐火等级
FIRE_DANGER	VARCHAR(20)	火灾危险性
MOSTWORKERr	NUMBER(10)	最大容纳人数
LIFT_COUNT	NUMBER(3)	消防电梯数
LIFT_PLACE	VARCHAR(200)	消防电梯位置
REFUGE_NUMBER	NUMBER(3)	避难层数量
REFUGE_AREA	NUMBER(10,2)	避难层面积
REFUGE_PLACE	VARCHAR(200)	避难层位置
USE_KIND	VARCHAR(20)	入驻使用功能
HAVE_FIREPROOF	CHAR(1)	是否有自动消防设施:无=0;有=1
XFSS	VARCHAR(20)	消防设施
XFSS_OTHER	VARCHAR(200)	其他消防设施
XFSS_INTACT	CHAR(1)	设施完好情况:1合格;2不合格
NEAR_BUILDING	VARCHAR(500)	毗邻建筑情况

参数	字段类型	描述
GEOG_INFO	VARCHAR(200)	地理情况
HAVE_CTRLROOM	CHAR(1)	消防控制室情况：1 有；0 无
USE_TYPE	VARCHAR(10)	建筑用途分类
SYS_ORGAN_ID	INT(11)	消防管辖单位默认－1
DELETED	CHAR(1)	删除标记：正常＝0；删除＝1
CHANGE_TIME	DATETIME	修改时间
CREATE_TIME	DATETIME	创建时间
CHANGE_ACC	VARCHAR(50)	修改人
CREATE_ACC	VARCHAR(50)	创建人

A. 0. 6 消防设施物联网联网单位信息接口应为 http：//系统运行平台域名或 IP 地址/getcompanyinfo/buildingID。消防设施物联网联网单位信息接口的参数、字段类型和描述宜符合表 A. 0. 6 的规定。

表 A. 0. 6 消防设施物联网联网单位
信息接口的参数、字段类型和描述

参数	字段类型	描述
ID	CHAR(32)	主键(UUID)
OID	CHAR(32)	单位 ID
O_NAME	VARCHAR(100)	单位名称
O_LICENSE	VARCHAR(100)	统一社会信用代码
O_LICENSE_TIME	DATE	单位注册时间
O_ADDRESS	VARCHAR(200)	单位地址
XZQY	CHAR(6)	6 位行政区域编码(应符合现行国家标准《中华人民共和国行政区划代码》GB 2260 的规定)

参数	字段类型	描述
STREET	CHAR(3)	3 位街道编码(应符合现行国家标准《县以下行政区划代码编码规则》GB 10114 的规定)
ROAD	VARCHAR(60)	路名
MPNH	VARCHAR(60)	门弄牌号
LDZ	VARCHAR(20)	楼栋幢
ADDRESS_DETAIL	VARCHAR(200)	详细地址
GIS_X	NUMBER(13,10)	地理坐标经度的十进制表达
GIS_Y	NUMBER(13,10)	地理坐标纬度的十进制表达
O_PHONE	VARCHAR(50)	单位电话
SAFE_DUTY_NAME	VARCHAR(50)	单位消防安全责任人姓名
SAFE_DUTY_PHONE	VARCHAR(50)	单位消防安全责任人电话
SAFE_DUTY_IDCARD	VARCHAR(50)	单位消防安全责任人身份证号
LEGAL_NAME	VARCHAR(50)	企业法人姓名
LEGAL_PHONE	VARCHAR(50)	企业法人电话
LEGAL_IDCARD	VARCHAR(50)	企业法人身份证号
SAFE_MANAGER_NAME	VARCHAR(50)	单位消防安全管理人员姓名
SAFE_MANAGER_PHONE	VARCHAR(50)	单位消防安全管理人员电话
SAFE_,MANAGER_IDCARD	VARCHAR(50)	单位消防安全管理人员身份证号
O_LINKMAN	VARCHAR(50)	单位联系人
O_LINKPHONE	VARCHAR(50)	单位联系电话
O_TYPE	CHAR(1)	单位类别:1.重点单位;2.一般单位;3.九小场所;4.其他单位
O_NATURE	NUMBER(3)	单位性质/经济所有制
O_CLASS	VARCHAR(20)	单位类型
KEYUNIT_TIME	DATE	确定重点单位时间

续表 A.0.6

参数	字段类型	描述
IS_KEYUNIT	CHAR(1)	是否重点单位:重点单位,为1,否则为0
O_OTHER	VARCHAR(200)	单位其他情况
CHANGETIME	DATETIME	修改时间
CREATETIME	DATETIME	创建时间
CHANGEACC	VARCHAR(50)	修改人
CREATEACC	VARCHAR(50)	创建人

A.0.7 消控室人员接口应为 http://系统运行平台域名或 IP 地址/getuser/buildingID。登录接口的参数、字段类型和描述宜符合表 A.0.7 的规定。

表 A.0.7 消控室人员接口的参数、字段类型和描述

参数	字段类型	描述
ID	CHAR(32)	主键(UUID)
BID	CHAR(32)	建筑物 ID
USERNAME	VARCHAR(50)	用户姓名
USERPHONE	VARCHAR(50)	用户手机号码
CERTNUMBER	VARCHAR(50)	消控室人员证书号
CERTTYPE	VARCHAR(50)	证书类型
POSITION	VARCHAR(20)	职位
SEX	CHAR(1)	性别:0 女;1 男
IDCARD	VARCHAR(50)	身份证号码
CHANGETIME	DATETIME	修改时间
CREATETIME	DATETIME	创建时间
CHANGEACC	VARCHAR(50)	修改人
CREATEACC	VARCHAR(50)	创建人

A.0.8 消防设施运行信息接口应为 http://系统运行平台域名或 IP 地址/getdev/buildingID。登录接口的参数、字段类型和描述宜符合表 A.0.8 的规定。

表 A.0.8 消防设施运行信息接口的参数、字段类型和描述

参数	字段类型	描述
ID	CHAR(32)	主键(UUID)
BID	CHAR(32)	建筑物 ID
STARTDATE	DATE	起始日期
ENDDATE	DATE	结束日期
POINT	NUMBER(10)	部件总数
POINT_COUNT	NUMBER(10)	部件累计运行数
POINT_FIRE	NUMBER(10)	火警部件数
POINT_FIRE_COUNT	NUMBER(10)	火警累计次数
POINT_FIRE_TIME	NUMBER(10)	火警累计时长
POINT_FAULT	NUMBER(10)	故障部件数
POINT_FAULT_COUNT	NUMBER(10)	故障累计次数
POINT_FAULT_TIME	NUMBER(10)	故障累计时长
POINT_MANAGER	NUMBER(10)	物联监测部件数
POINT_MANAGER_COUNT	NUMBER(10)	物联监测累计次数
POINT_MANAGER_TIME	NUMBER(10)	物联监测累计时长
POINT_SHIELD	NUMBER(10)	屏蔽部件数
POINT_SHIELD_COUNT	NUMBER(10)	屏蔽累计次数
POINT_SHIELD_TIME	NUMBER(10)	屏蔽累计时长
POINT_START	NUMBER(10)	启动部件数
POINT_START_COUNT	NUMBER(10)	启动累计次数
POINT_START_TIME	NUMBER(10)	启动累计时长
POINT_DELAY	NUMBER(10)	延时部件数
POINT_DELAY_COUNT	NUMBER(10)	延时累计次数

参数	字段类型	描述
POINT_DELAY_TIME	NUMBER(10)	延时累计时长
POINT_WATER_FAULT	NUMBER(10)	水系统故障部件数
POINT_WATER_FAULT_COUNT	NUMBER(10)	水系统故障累计次数
POINT_WATER_FAULT_TIME	NUMBER(10)	水系统故障累计时长
POINT_WIND_FAULT	NUMBER(10)	风系统故障部件数
POINT_ WIND _FAULT_COUNT	NUMBER(10)	风系统故障累计次数
POINT_ WIND _FAULT_TIME	NUMBER(10)	风系统故障累计时长
POINT_OTHER	NUMBER(10)	其他部件的部件数
POINT_OTHER_COUNT	NUMBER(10)	其他部件累计次数
POINT_OTER_TIME	NUMBER(10)	其他部件累计时长

A.0.9 报警主机接口应为 http://运维应用域名或 IP 地址/gethost/buildingID。登录接口的参数、字段类型和描述宜符合表 A.0.9 的规定。

表 A.0.9 报警主机接口的参数、字段类型和描述

参数	字段类型	描述
ID	CHAR(32)	主键(UUID)
BID	CHAR(32)	建筑物 ID
START_DATE	DATE	起始日期
END_DATE	DATE	结束日期
HOST_COUNT	NUMBER(10)	主机数量
HOST_FAULT_COUNT	NUMBER(10)	主机通信故障变化次数
HOST__FAULT_TIME	NUMBER(10)	主机故障累计时长

A.0.10 水系统接口应为 http://系统运行平台域名或 IP 地址/getwater/buildingID。登录接口的参数、字段类型和描述宜符合表 A.0.10 的规定。

表 A. 0. 10　水系统接口的参数、字段类型和描述

参数	字段类型	描述
ID	CHAR(32)	主键(UUID)
BID	CHAR(32)	建筑物 ID
START_DATE	DATE	起始日期
END_DATE	DATE	结束日期
PUMP1_COUNT	NUMBER(10)	消防水泵前物联监测次数
PUMP1_FAULT_COUNT	NUMBER(10)	泵前水压异常次数
PUMP1_FAULT_ TIME	NUMBER(10)	泵前水压异常时长
PUMP2_COUNT	NUMBER(10)	消防水泵后物联监测次数
PUMP2_FAULT_COUNT	NUMBER(10)	泵后水压异常次数
PUMP2_FAULT_TIME	NUMBER(10)	泵后水压异常时长
TER_COUNT	NUMBER(10)	末端物联监测数
TER_FAULT_COUNT	NUMBER(10)	末端水压异常次数
TER_FAULT_TIME	NUMBER(10)	末端水压异常时长

A. 0. 11　风系统接口应为 http://系统运行平台域名或 IP 地址/ getfan/buildingID。登录接口的参数、字段类型和描述宜符合表 A. 0. 11 的规定。

表 A. 0. 11　风系统接口的参数、字段类型和描述

参数	字段类型	描述
ID	CHAR(32)	主键(UUID)
BID	CHAR(32)	建筑物 ID
START_DATE	DATE	起始日期
END_DATE	DATE	结束日期
FAN_COUNT	NUMBER(10)	消防风机物联监测次数
FAN_FAULT_ COUNT	NUMBER(10)	消防风机异常次数
FAN _FAULT_ TIME	NUMBER(10)	消防风机异常时长
FAN_P_FAULT _COUNT	NUMBER(10)	消防风机压差异常次数

A. 0. 12 部件当前状态接口应为 http://系统运行平台域名或 IP 地址/getdevstatus/buildingID。登录接口的参数、字段类型和描述宜符合表 A. 0. 12 的规定。

表 A. 0. 12　部件状态接口的参数、字段类型和描述

参数	字段类型	描述
ID	CHAR(32)	主键(UUID)
BID	CHAR(32)	建筑物 ID
SID	CHAR(32)	部件 ID
DEV_NAME	VARCHAR(60)	部件名称
DEV_TYPE	VARCHAR(60)	部件类型
DEV_SYSTEM	VARCHAR(60)	部件所属消防系统
DEV_POINT_DESC	VARCHAR(60)	设备部件位置描述
STATUS	NUMBER(3)	当前状态
CREATE_TIME	DATETIME	发生时间

A. 0. 13 事件查询接口应为 http://系统运行平台域名或 IP 地址/getevent/buildingID。登录接口的参数、字段类型和描述宜符合表 A. 0. 13 的规定。

表 A. 0. 13　事件查询接口的参数、字段类型和描述

参数	字段类型	描述
ID	CHAR(32)	主键(UUID)
BID	CHAR(32)	建筑物 ID
START_DATE	DATE	起始日期
END_DATE	DATE	结束日期
EVENT_TYPE	CHAR(1)	事件类型(火警、故障、屏蔽、水系统手动挡等)
SID	CHAR(32)	部件 ID
DEV_NAME	VARCHAR(60)	部件名称

参数	字段类型	描述
DEV_TYPE	VARCHAR(60)	部件类型
DEV_SYSTEM	VARCHAR(60)	部件所属消防系统
DEV_POINT_DESC	VARCHAR(60)	设备部件位置描述
STATUS	NUMBER(3)	当前状态
CREATE_TIME	DATETIME	发生时间
DURATION	NUMBER(3)	持续时间(h)
OVERTIME	CHAR(1)	是否超时：0 不超时；1 超时
RESULT	VARCHAR(20)	处理结果
NEED_REPORT	CHAR(1)	是否需要上报：0 不需要；1 需要

附录 B 消防设施物联网系统分部、子分部、分项工程划分

表 B 消防设施物联网系统分部、子分部、分项工程划分

分部工程	序号	子分部工程	分项工程
消防设施物联网系统	1	感知数据采集安装与施工	消防给水及消火栓系统、自动喷水灭火系统、机械防烟和机械排烟系统、火灾自动报警系统、其他消防设施的传感器安装
	2	系统网络安装	传输网络安装
	3	应用平台调试	业主应用平台、物业应用平台、维保应用平台、系统运行平台、消防数据交换应用中心
	4	系统调试	感知设备(器)的测试、水系统信息装置调试、风系统信息装置调试、消防泵信息监测装置调试、消防风机信息监测装置调试、物联网用户信息装置调试、传输协议与传输安全测试、消防设施物联网应用平台测试

附录 C 消防设施物联网系统的 施工现场质量管理检查记录

表 C 消防设施物联网系统的
施工现场质量管理检查记录

工程名称				
建设单位		监理单位		
设计单位		项目负责人		
施工单位		施工许可证		
序号	项目		内容	
	现场质量管理制度			
	质量责任制			
	主要专业工种人员操作上岗证书			
	施工图审查情况			
	施工组织设计、施工方案及审批			
	施工技术标准			
	工程质量检验制度			
	现场材料、设备管理			
	其他			
结论	施工单位项目负责人： （签章） 　　　年　月　日	监理工程师： （签章） 　　年　月　日	建设单位项目负责人： （签章） 　　　年　月　日	

附录 D 消防设施物联网系统的施工过程质量检查记录

D.0.1 消防设施物联网系统的施工过程质量检查记录应由施工单位质量检查员按表 D.0.1 填写,监理工程师进行检查,并应做出检查结论。

表 D.0.1 消防设施物联网系统的施工过程质量检查记录

工程名称		施工单位	
施工执行规范名称及编号		监理单位	
子分部工程名称		分项工程名称	
项目	规范章节条款	施工单位检查评定记录	监理单位验收记录
结论	施工单位项目负责人: (签章) 年 月 日	监理工程师(建设单位项目负责人): (签章) 年 月 日	

D.0.2 消防设施物联网系统调试记录应由施工单位质量检查员按表 D.0.2 填写,监理工程师(建设单位项目负责人)组织施工单位项目负责人等进行验收。

表 D.0.2 消防设施物联网系统调试记录

工程名称					建设单位		
施工单位					监理单位		
系统类型	启动信号(部位)	调试内容					
		名称	是否动作	动作时间	中心接收时间		
火灾自动报警系统	火灾探测报警系统	动作状态					
		故障状态					
		手动火灾报警按钮					
	火灾报警控制器	屏蔽信息					
		消声信息					
消火栓系统	消防栓泵	启动/停止					
		故障状态					
	水系统信息装置/消防泵信息检测装置	电源状态(主备电)					
		手/自动					
	消防泵流量和压力监测装置	自动控制					
		流量/压力					
	末端试水监测装置	自动控制					
		信号反馈					
		压力					
	压力传感器	正常压力					
		异常压力					
	消火栓按钮	报警信号					

系统类型	启动信号（部位）	调试内容			
		名称	是否动作	动作时间	中心接收时间
自动喷水灭火系统	喷淋泵	启动/停止			
		故障状态			
	水系统信息装置/消防泵信息检测装置	电源状态（主备电）			
		手/自动			
	消防泵流量和压力监测装置	自动控制			
		流量/压力			
	末端试水监测装置	自动控制			
		信号反馈			
		压力			
	压力传感器	正常压力			
		异常压力			
	水流指示器	报警信号			
	信号阀	开/关信号			
	压力开关	反馈信号			
气体灭火系统或细水雾灭火系统	系统状态	手/自动			
		故障状态			
		启动/停止			
	阀驱动装置	工作状态			
		动作状态			
	防火门/防火阀/通风空调	工作状态			
		动作状态			
	紧急停止	信号反馈			
	管网压力	工作状态			
		异常压力			
	气体保护区	气密性（手持终端）			

系统类型	启动信号（部位）	调试内容			
		名称	是否动作	动作时间	中心接收时间
泡沫灭火系统	系统状态	手/自动			
		故障状态			
		启动/停止			
	消防水泵/泡沫液泵	电源状态			
		工作状态			
		动作状态			
干粉灭火系统	系统状态	手/自动			
		故障状态			
		启动/停止			
	阀驱动装置	工作状态			
		动作状态			
	紧急停止	信号反馈			
	管网压力	工作状态			
机械防烟和机械排烟系统	消防风机	电源状态			
		工作状态			
		动作状态			
	差压传感器	正常压力			
		异常压力			
防火门及卷帘系统	防火卷帘控制器/防火门监控器	工作状态			
		故障状态			
	防火卷帘门/防火门	工作状态			
		故障状态			
电梯	电梯	迫降			
	消防电梯	停用			
		故障状态			

续表 D.0.2

系统 类型	启动信号 （部位）	调试内容			
		名称	是否动作	动作时间	中心接收时间
消防应 急广播	消防应急广 播控制器	启动/停止			
		故障状态			
消防应急 照明和疏 散指示 系统	系统	工作状态			
		故障状态			
消防电源	供电电源/ 备用电源	工作状态			
		欠压报警			
手持终端		压力			
		流量			
		气密性			
		定位			
视频采 集终端		动作状态			
		故障状态			
参加 单位	施工单位项目负责人： （签章） 　　年 月 日		监理工程师： （签章） 　　年 月 日		建设单位项目负责人： （签章） 　　年 月 日

附录 E 消防设施物联网系统
工程质量控制资料检查记录

表 E 消防设施物联网系统工程质量控制资料检查记录

工程名称		施工单位			
分部工程名称	资料名称	数量	核查意见		核查人
消防设施物联网系统	1. 施工图、设计说明书、设计变更通知书和设计审核意见书、竣工图				
	2. 主要设备、组件的国家质量监督检验测试中心的检测报告和产品出厂合格证				
	3. 与系统相关的电源、备用动力、电气设备以及感知采集设备等验收合格证明				
	4. 施工记录表、隐蔽工程验收记录表、系统调试记录表				
	5. 系统、软件及设备使用说明书				
结论	施工单位项目负责人： (签章) 年 月 日	监理工程师： (签章) 年 月 日		建设单位项目负责人： (签章) 年 月 日	

附录 F 消防设施物联网系统工程验收记录

F.0.1 消防设施物联网系统工程验收记录应由建设单位按表F.0.1填写,综合验收结论由参加验收的各方共同商定并签章。

表 F.0.1 消防设施物联网系统工程验收记录

工程名称		分部工程名称	
施工单位		项目负责人	
监理单位		监理工程师	

序号	检查项目名称	检查内容记录	检查评定结果
1			
2			
3			
4			
5			

综合验收结论		
验收单位	施工单位:(单位印章)	项目负责人:(签章) 年 月 日
	监理单位:(单位印章)	监理工程师:(签章) 年 月 日
	设计单位:(单位印章)	项目负责人:(签章) 年 月 日
	建设单位:(单位印章)	项目负责人:(签章) 年 月 日

F.0.2 消防设施物联网系统验收设备安装位置信息登记表应由施工单位按表 F.0.2 填写,并由建设单位、监理单位、施工单位共同确认并签章。

表 F.0.2 消防设施物联网系统
验收设备安装位置信息登记表

工程名称					
施工单位			项目负责人		
序号	设备编号	设备名称	防火分区编码	位置描述	备注
1					
2					
3					
4					
5					
6					
7					
8					
相关单位	施工单位:(单位印章)		项目负责人:(签章) 年 月 日		
	监理单位:(单位印章)		监理工程师:(签章) 年 月 日		
	建设单位:(单位印章)		项目负责人:(签章) 年 月 日		

F.0.3 消防设施物联网系统的系统验收标准可按表 F.0.3 填写,并应由参加验收的各方共同商定并签章。

表 F.0.3 消防设施物联网系统的系统验收标准

验收项目	验收内容		规范要求	验收结果
物联网用户信息装置	合法性	市场准入要求	符合市场准入要求	
		数量、规格、型号与设置	符合设计要求	
	设置位置、操作和检修间距		设置在消防控制室内;未设置消防控制室时,设置在火灾报警控制器附近明显位置,有足够的操作和检修间距	
	与火灾报警控制器、消防联动控制器等设备连接		采用专用线路连接	
	基本功能	物联监测信息的接收与传输	消防控制室在接收到系统的火灾报警信息后 10s 内、建筑消防设施运行状态信息后 100s 内,将报警信息按规定的通信协议格式传送给物联网平台	
		主备电源转换功能	具有主、备用电源自动转换功能	
		优先传送功能	优先传送火灾报警信息和手动报警信息	
		设备自检和故障报警功能	具有设备自检和故障报警功能	
		接收物联网数据应用平台的查询指令功能	能接收物联网数据应用的平台或软件的查询指令并能按规定的通信协议格式规定的内容将相应信息传送到信息运行中心	
		专用的信息传输指示灯	消防控制室有专用的信息传输指示灯,在处理和传输信息时,该指示灯闪亮,在得到物联网数据应用平台的正确接收确认后,该指示灯常亮并保持直至该状态复位	

验收项目	验收内容		规范要求	验收结果
水系统信息装置/消防泵信息监测装置/消防泵流量和压力监测装置	合法性	市场准入要求	符合市场准入要求	
		数量、规格、型号与设置	符合设计要求	
	设置位置、操作和检修间距		设置在水泵房内。未设置水泵房时,设置在管网入口处及末端,有足够的操作和检修间距	
	物联网平台通信		采用专用线路连接	
	基本功能	水系统信息装置/消防泵信息监测装置/消防泵流量和压力监测装置	包括电源、手自动开关、泵启动、故障、停止等状态信息,30min 内将采集数据上传,对于发生状态变化后实时上传	
		末端试水监测设备采集信息	采集末端最不利点管网水压数据信息,30min 内将采集数据上传,异常信息实时上传	
末端试水监测装置	合法性	市场准入要求	符合市场准入要求	
		数量、规格、型号与设置	符合设计要求	
	设置位置、操作和检修空间		设置在消火栓最不利点、每个湿式报警阀的管网末端,有足够的操作和检修空间	
	信息运行中心通信		采用专用线路连接	
	基本功能	末端试水物联监测设备采集信息	采集末端最不利点管网水压数据信息,30min 内将采集数据上传,异常信息实时上传	

验收项目	验收内容		规范要求	验收结果
风系统信息装置/消防风机信息监测装置	合法性	市场准入要求	符合市场准入要求	
		数量、规格、型号与设置	符合设计要求	
	设置位置、操作和检修间距		设置在消防风机泵房内或消防风机的附近	
	物联网平台通信		采用专用线路连接	
	基本功能	风系统信息装置/消防风机信息监测装置	包括电源、手自动开关、泵启动、故障、停止等状态数据信息,30min 内将采集数据上传,对于发生状态变化的数据实时上传	
		消防风机前后风管上的压力采集信息	采集差压的数据。运行时,1min 内将采集数据上传,异常信息实时上传	
系统运行平台	接收现场终端设备装置信息		接收物联网用户信息装置的消防设施运行状态信息,接收水系统信息装置/风系统信息装置/火灾自动报警系统报警主机的运行状态、消防泵信息监测装置/消防风机信息监测装置、末端试水装置数据信息	
	具有自动拨打语音电话功能		接收火警信息后,平台可自动拨打语音电话至消防控室,可通过按键确认火情	
	具有短信、微信通知功能		根据故障的不同级别平台可自定义发送短信、微信通知的用户对象	
	具有大数据智能分析功能		平台依据数据汇总后智能分析该单位的消防安全分数,并提供设施完好率、维保及时率,故障排除率等几个关键指标,分析消防联动数据,研判是否符合维保要求	
	提供物联网 APP 用户端展现		可通过手机端 APP 访问物联网平台,进行信息查看、隐患故障上报、维保处理、物业管理全流程的管理	
	消防数据交换应用中心信息发送与接收功能		根据消防数据交换应用中心的数据接口要求,提供信息运行中心数据发送及验证功能,接收消防数据交换应用中心下发的信息功能	

附录 G 消防设施物联网系统
验收缺陷项目划分

表 G 消防设施物联网系统验收缺陷项目划分

缺陷分类	严重缺陷（A）	重缺陷（B）	轻缺陷（C）
包含条款			本标准第 8.2.3 条
	本标准第 8.2.4 条		
		本标准第 8.2.5 条第 1 款～第 3 款	本标准第 8.2.5 条第 4 款
		本标准第 8.2.6 条第 1 款	本标准第 8.2.6 条第 2 款、第 3 款
	本标准第 8.2.7 条第 1 款	本标准第 8.2.7 条第 2 款～第 4 款	
		本标准第 8.2.8 条第 1 款、第 3 款	本标准第 8.2.8 条第 2 款、第 4 款～第 6 款

附录 H 消防设施物联网系统
维护管理工作检查项目

表 H 消防设施物联网系统维护管理工作检查项目

部位		工作内容	周期
物联网用户信息装置	时钟	设备时钟检查	每日
	自检功能	自检功能检查	每日
	设备本体	断开电源，设备外观检查与除尘	每半年
	电源	主电源与备用电源切换试验	每半年
	火灾自动报警系统	模拟火警，火警信息发送试验	每半月
系统应用平台	时钟	设备时钟检查	每日
	用户信息传输装置	通信测试	每日
	系统运行	日志整理	每月
	数据库	检查使用情况	每月
	系统集成	系统集成功能检查	每半年
传感器	巡回检查	仪表显示情况，仪表示值有无异常	每日
		环境温度、湿度、清洁状况	
		仪表和工艺接口、导压管和阀门之间有无泄漏、腐蚀	
	设备检查	检查仪表使用质量，指示误差、静压误差符合要求，零位正确	每季度
		零部件完整无缺	
	定期维护	检查零点、进行校验	每年
		排污、排凝、放空	
		对易堵介质的导压管进行吹扫	
		易感染、易腐蚀生锈的设备、管道、阀门进行清洁、除锈、注润滑剂	
	蓄电池	蓄电池维护	每年

本标准用词说明

1 为了便于在执行本标准条文时区别对待,对要求严格程度不同的用词说明如下:

1）表示很严格,非这样做不可的用词:

正面词采用"必须",反面词采用"严禁"。

2）表示严格,在正常情况均应这样做的用词:

正面词采用"应",反面词采用"不应"或"不得"。

3）表示允许稍有选择,在条件许可时首先应这样做的用词:

正面词采用"宜",反面词采用"不宜"。

4）表示有选择,在一定条件下可以这样做的用词,采用"可"。

2 条文中指明应按其他有关标准执行的写法为:"应符合……的规定"或"应按……执行"。

引用标准名录

1 《消防安全标志》GB 13495

2 《电气火灾监控系统》GB 14287

3 《消防联动控制系统》GB 16806

4 《消防应急照明和疏散指示系统》GB 17945

5 《建筑消防设施的维护管理》GB 25201

6 《消防控制室通用技术要求》GB 25506

7 《城市消防远程监控系统 第 1 部分：用户信息传输装置》GB 26875.1

8 《消防设备电源监控系统》GB 28184

9 《建筑设计防火规范》GB 50016

10 《火灾自动报警系统设计规范》GB 50116

11 《火灾自动报警系统施工及验收规范》GB 50166

12 《水喷雾灭火系统设计规范》GB 50219

13 《建筑给水排水及采暖工程施工质量验收规范》GB 50242

14 《通风与空调工程施工质量验收规范》GB 50243

15 《自动喷水灭火系统施工及验收规范》GB 50261

16 《气体灭火系统施工及验收规范》GB 50263

17 《风机、压缩机、泵安装工程施工及验收规范》GB 50275

18 《泡沫灭火系统施工验收规范》GB 50281

19 《建筑电气工程施工质量验收规范》GB 50303

20 《固定消防炮灭火系统设计规范》GB 50338

21 《建筑物电子信息系统防雷技术规范》GB 50343

22 《消防通信指挥系统施工及验收规范》GB 50401

23 《城市消防远程监控系统技术规范》GB 50440

24 《建筑灭火器配置验收及检查规范》GB 50444

25 《细水雾灭火系统技术规范》GB 50898

26 《消防给水及消火栓系统技术规范》GB 50974

27 《自动喷水火系统 第 11 部分:沟槽式管接件》GB 5135.11

28 《自动喷水灭火系统 第 21 部分:末端试水装置》GB 5135.21

29 《水位测量仪器》GB/T 11828

30 《压力传感器性能试验方法》GB/T 15478

31 《电阻应变式压力传感器总规范》GB/T 18806

32 《信息安全技术信息系统安全等级保护基本要求》GB/T 22239

33 《工业自动化系统与集成工业应用中的分布式安装 第 1 部分:传感器和执行器》GB/T 25110.1

34 《硅压阻式动态压力传感器》GB/T 26807

35 《城市消防远程监控系统 第 3 部分:报警传输网络通信协议》GB/T 26875.3

36 《硅基压力传感器》GB/T 28855

37 《信息技术传感器网络 第 701 部分:传感器接口:信号接口》GB/T 30269.701

38 《物联网标识体系物品编码 Ecode》GB/T 31866

39 《电气控制设备》GB/T 3797

40 《建筑消防设施检测技术规程》GA 503

41 《建筑消防设施的维护管理》GA 587

42 《消防控制室通用技术要求》GA 767

43 《安全防范视频监控摄像机通用技术要求》GA/T 1127

44 《压力传感器》JBT 6170

45 《均速管流量传感器》JB/T 5325

46 《插入式涡街流量传感器》JB/T 6807

47 《涡轮流量传感器》JB/T 9246

48 《涡街流量传感器》JB/T 9249

49 《金属电容式压力传感器》JB/T 12596

50 《电自动控制器压力传感器》JB/T 12860

51 《压阻式压力传感器总规范》SJ/T 10429

上海市工程建设规范

消防设施物联网系统技术标准

DG/TJ 08－2251－2018
J 14149－2018

条文说明

2018　上海

目 次

Contents

1 总　则

　　为便于消防设施物联网系统的设计、施工、验收、维护管理和监督等部门的有关人员在使用本标准时能正确理解和执行条文规定,《消防设施物联网系统技术标准》编制组按章、节、条顺序编制了本标准的条文说明,对条文规定的目的、依据及执行中需要注意的有关事项进行了说明。但是,本条文说明不具备与标准正文同等的法律效力,仅供使用者作为理解和把握标准规定的参考。

　　在本标准制定过程中,编制组调研了国内有关省市的情况,取得"智慧消防"、消防物联网设施的应用方式和相关的数据,为本标准的制定提供了技术支持,对在调研中本市黄浦区和杨浦区公安消防支队给予的帮助和支持谨表示衷心感谢。

1.0.1　本条明确了本标准制定的目的。

　　物联网作为新兴的技术,改变了传统的理念与管理方式。物联网不同于 PC 思维,应该是全新的、需要不断探索发展的。消防设施物联网系统的运用将促进消防技术的发展。作为创新的消防设施物联网技术,需要规范的引导和发展。消防设施物联网系统的运用,要从设计、施工、验收和维护管理着手,通过强化消防设施的检查和测试能力,以预防和减少火灾危害,保护人身和财产安全。

　　消防设施物联网系统的运用是预防火灾发生,及时扑救初期火灾的有效措施,规范建筑消防设施的检查和测试工作,确保各类消防设施正常运行。消防设施物联网系统有利于加强建筑消防设施的可靠性,加强建筑消防设施的监督管理和系统物联监测的技术能力,对消防设施运用进行全过程的质量控制,提高本市建筑消防设施和消防系统的维护、保养水平以及消防设施的完好率，规范系统维护和保养的标准化、可操作性，以实现对社会单位消防设备、设施日常运行状况全面、动态的监督和管理。

消防设施物联网系统的标准化将引领消防大数据的产业和发展，将数据运用到"智慧消防"的管理和服务之中。

1.0.2 本条明确了本标准适用的范围。

本标准适用于工业、民用、市政等建设工程的消防设施物联网系统的设计、施工、验收和维护管理。本标准包括了本市新建、扩建、改建以及既有建筑工程项目的消防设施物联网技术应用。新建建筑是指从无到有的全新建筑；扩建是指在原有建筑外轮廓基础上的向外扩建；改建是指建筑变更使用功能和用途，或全面改造。

针对消防设施物联网系统的特点，它是在原有消防设施的基础上做的加法。对既有消防设施的技术要求也应按本标准的要求执行。在执行中，需要结合既有建筑的实际情况，采用适宜的方法以尽量减少对既有建筑的影响。这也是本标准不同于常规规范的设置范围要求，需要考虑既有建筑中的设置情况。

至于既有建筑消防设施中运用消防设施物联网系统会出现一些特殊的情况，今后在相关的消防规定中再加以明确。

1.0.3 本条规定了标准应遵循的原则。

消防设施物联网系统的设计、施工、验收和维护管理应遵循"预防为主、防消结合"的工作方针政策以及国家的法律法规，其必须遵守国家有关方针、政策，从全局出发，结合实际情况，针对消防设施的使用特点和消防检测要求，同时结合工程自身的特点，采用有效的技术措施，统筹兼顾，做到安全可靠、技术先进、经济合理。消防设施物联网系统中采用行之有效的先进防火技术，既便于操作，又保障安全。确保消防工程需求和技术进步的要求，在安全可靠、技术先进、经济适用、保护环境的情况下选择新工艺、新技术、新设备、新材料促进消防设施的技术进步。设计不仅要积极采用先进和成熟的防火、互联网、物联网的技术措施,也需要处理好使用功能、消防设施功能、消防安全的关系。

系统的运维包括运行和维护管理。业主或物业侧重于设施的运行和管理,维保侧重于维护、保养、检测等方面的内容。

1.0.4 明确其专用组件、材料和设备等产品的质量要求很重要。消防设施物联网系统的组件和设备中涉及原有消防设施的产品,也是消防系统的一部分,也应符合国家现行有关标准和准入制度要求。系统涉及电子产品、软件产品等,当有国家标准时,也需要按相关的标准执行。若应用在防爆场所,系统的组件和设备应满足相关防爆标准的规定,并通过国家防爆电子产品质量监督检测中心的检测合格。当国家没有相关的标准、准入制度要求时,也就没有专门的规定来送审,可遵循产品自愿检测的要求。

由于消防设施平时不用,仅在火灾时使用,其特点是系统的好坏很难确保火灾发生时系统的安全可靠性,这是一个在建设工程中唯一独特的系统。故加强消防设施的可检测性、可维护性很有必要。

消防产品必须符合国家标准。没有国家标准的,必须符合行业标准。禁止生产、销售或者使用不合格的消防产品以及国家明令淘汰的消防产品。需要强制性产品认证的消防产品,由具有法定资质的认证机构按照国家标准、行业标准的强制性要求认证合格后,方可生产、销售、使用。实行强制性产品认证的消防产品目录,由国务院产品质量监督部门会同国务院公安部门制定并公布。新研制的尚未制定国家标准、行业标准的消防产品,应当按照国务院产品质量监督部门会同国务院公安部门规定的办法,经技术鉴定符合消防安全要求的,方可生产、销售、使用。依照本条规定经强制性产品认证合格或者技术鉴定合格的消防产品,国务院公安部门消防机构应当予以公布。消防产品强制性认证产品目录可查询公安部消防产品合格评定中心每年颁布的《强制性认证消防产品目录》。

此外,如果消防设施物联网的装置与需要强制认证的消防设施产品合用时,则需要一起进行认证。如消防水泵的控制柜属于CCCF认证产品,当消防泵信息监测装置与其合用,就需要作为一个装置进行认证。

关于现行规范中对产品检测的要求有:

国家现行标准《消防给水及消火栓系统技术规范》GB 50974－2014中,第12.2.1条:"消防给水及消火栓系统施工前应对采用的主要设备、系统组件、管材管件及其他设备、材料进行进场检查,并应符合下列要求:1 主要设备、系统组件、管材管件及其他设备、材料,应符合国家现行相关产品标准的规定,并应具有出厂合格证或质量认证书;2 消防水泵、消火栓、消防水带、消防水枪、消防软管卷盘或轻便水龙、报警阀组、电动(磁)阀、压力开关、流量开关、消防水泵接合器、沟槽连接件等系统主要设备和组件,应经国家消防产品质量监督检验中心检测合格;3 稳压泵、气压水罐、消防水箱、自动排气阀、信号阀、止回阀、安全阀、减压阀、倒流防止器、蝶阀、闸阀、流量计、压力表、水位计等,应经相应国家产品质量监督检验中心检测合格;4 气压水罐、组合式消防水池、屋顶消防水箱、地下水取水和地表水取水设施,以及其附件等,应符合国家现行相关产品标准的规定。"

国家现行标准《自动喷水灭火系统施工及验收规范》GB 50261－2017中,第3.2.1条:"自动喷水灭火系统施工前应对采用的系统组件、管件及其他设备、材料进行现场检查,并应符合下列要求:1 系统组件、管件及其他设备、材料,应符合设计要求和国家现行有关标准的规定,并应具有出厂合格证或质量认证书。2 喷头、报警阀组、压力开关、水流指示器、消防水泵、水泵接合器等系统主要组件,应经国家消防产品质量监督检验中心检测合格,稳压泵、自动排气阀、信号阀、多功能水泵控制阀、止回阀、泄压阀、减压阀、蝶阀、闸阀、压力表等,应经相应国家产品质量监督检验中心检测合格。"

国家现行标准《泡沫灭火系统施工及验收规范》GB 50281—2006中,第4.3.3条:"泡沫产生装置、泡沫比例混合器(装置)、泡沫液压力储罐、消防泵、泡沫消火栓、阀门、压力表、管道过滤器、金属软管等系统组件应符合下列规定:1其规格、型号、性能应符合国家现行产品标准和设计要求。2设计上有复验要求或对质量有疑义时,应由监理工程师抽样,并由具有相应资质的检测单位进行检测复验,其复验结果应符合国家现行产品标准和设计要求。"

国家现行标准《火灾自动报警系统施工及验收规范》GB 50166—2007中,第2.2.1条:"设备、材料及配件进入施工现场应有清单、使用说明书、质量合格证明文件、国家法定质检机构的检验报告等文件。火灾自动报警系统中的强制认证(认可)产品还应有认证(认可)证书和认证(认可)标识。"第2.2.2条:"火灾自动报警系统的主要设备应是通过国家认证(认可)的产品。产品名称、型号、规格应与检验报告一致。"第2.2.3条:"火灾自动报警系统中非国家强制认证(认可)的产品名称、型号、规格应与检验报告一致。"

消防设施物联网系统的设备(含传感器)中,属于国家强制性认证范畴均应有中国质量认证中心颁发的CCC认证证书,无强制性认证要求的产品应有全性能的型式检验报告。

1.0.5 消防设施物联网系统的设计、施工、验收和维护管理,侧重于消防设施物联网系统的规定。虽然涉及消防、物联网外的其他相关的内容,但也很难把消防维护、检测、物联监测、通信、互联网、计算机等方面的内容和性能要求、试验方法等全部包括其中,有必要同时符合国家、行业和本市现行有关标准的规定。如现行国家标准《建筑消防设施的维护管理》GB 25201、《城市消防远程监控系统技术规范》GB 50440等标准。

本标准属于在物联网应用中消防行业范围内的应用,且满足该行业内特定需要的标准,即消防设施的行业应用标准。

2 术 语

本章列出的术语是本标准专用的。对于现行国家或行业标准《建筑设计防火规范》GB 50016、《建筑消防设施的维护管理》GB 25201、《城市消防远程监控系统技术规范》GB 50440、《建筑消防设施检测技术规程》GA 503、《消防基本术语(第二部分)》GB/T 14107、《火灾报警设备专业术语》GB/T 4718、《物联网术语》GB/T 33745 等和上海市工程建设规范中已有的术语,尽量不再重复。如建筑消防设施、物联网、检测、物理实体、物联网服务、用户等。

2.0.1 消防设施物联网系统是基于物联网技术在消防设施中的运用。从物联网技术看,它有感知层、传输层和应用层的三个层面,消防设施物联网系统也是根据这三个层面进行定义。其感知技术包括压力和流量传感器、射频识别(RFID)装置、近距离无线通信技术(NFC)、二维码、红外感应器、全球定位系统、激光扫描器、视频等信息传感设备。网络技术按消防远程监控系统约定的协议,将数据动态上传至信息运行中心,把建筑消防设施与互联网相连接,进行信息交换和通信。应用技术包括消防设施的运行、维护、保养、监督、管理等多个方面,具体的方式是通过智能化识别、定位、跟踪、物联监测和管理的网络系统来实现。

本条也是对现行国家标准《物联网术语》GB/T 33745 中"物联网"在消防行业应用的扩展。连接的物即物理实体,物理实体是指能够被物联网感知但不依赖于物联网感知而存在的实体。

所连接物、人、系统和信息资源对应于消防设施(物、人)、单位或部门(系统和信息资源)。

本标准所指的消防设施物联网系统,是通过压力和流量传感器、射频识别(RFID)装置、近距离无线通信技术(NFC)、二维码、红外感应器、全球定位系统、激光扫描器、视频等信息感知设备，按消防远程监控系统约定的协议，连接物、人、系统和信息资源，将数据动态上传至信息运行中心，把消防设施与互联网相连接，进行信息交换和通信，实现以物理实体和虚拟世界的信息进行处理并作出反应的智能服务系统。该系统是应用物联网技术对消防设施进行智能化识别、定位、跟踪、物联监测和管理的一种网络系统。

其中的RFID(Radio Frequency Identification)技术指射频识别，又称无线射频识别，是一种通信技术。它可通过无线电信号识别特定目标并读写相关数据，而无需识别系统与特定目标之间建立机械或光学接触。RFID读写器也分移动式的和固定式的，射频采用1Hz～100GHz的微波。

NFC(Near Field Communication)是指一种近距离无线通信技术，由非接触式射频识别(RFID)及互联互通技术整合演变而来。它在单一芯片上结合感应式读卡器、感应式卡片和点对点的功能，能在短距离内与兼容设备进行识别和数据交换。工作频率为13.56MHz。NFC采用主动和被动两种读取模式。

2.0.2 本系统体系架构是包含了物联网概念模型和物联网参考体系架构的内容。按现行国家标准《物联网参考体系结构》GB/T 33474，物联网概念模型是指对物联网系统的高度抽象和模型化表现，物联网参考体系架构是指对物联网系统的整体架构、组成部分、不同部分之间的关系描述。

具体还可从三个角度分出系统的参考体系结构、通信的参考体系结构、信息的参考体系结构。对数据通信类接口、物联网网关也有规定。

物联网概念模型是不同类型物联网应用系统的高度抽象，是理解和设计物联网的重要基础。从消防设施的物联网应用系统角度提出物联网概念的模型，有利于梳理物联网的用户需求、系统功能的开发和开展物联网的生态系统建设等。

物联网参考体系结构作为物联网系统的顶层架构设计,它是基于物联网概念模型,为物联网应用系统设计者提供系统分解的设计,也是为不同物联网应用系统之间的互相兼容、互操作和资源共享提供了重要的基础。

2.0.3 消防数据交换应用中心是对消防大数据进行集中分析和应用的管理平台。消防设施物联网系统仅仅是消防数据交换应用中心所接受和发出信息的一部分内容,它同时也是消防设施物联网系统规则的制订者和最高层次的管理者。它负责对消防物联网系统进行数据、规则定义,并承担对各单位消防物联网平台进行监管和准入的管理。此外,还负责对消防设施物联网系统规范标准和体系的协调、管理。

消防数据交换应用中心根据其需要从消防设施物联网系统采集必要的数据信息,而不是全部信息。

2.0.4 系统运行平台是消防设施物联网系统应用的基础性的软件平台。它负责处理信息供不同用户使用,对消防设施系统工作状态的信息进行集中物联监测和数据的管理与应用,并接受消防数据交换应用中心调用和管理。它针对不同的使用对象,可分设业主应用平台、物业应用平台和维保应用平台等。

它处于消防设施物联网系统中的应用层,对消防设施系统工作状态的信息进行集中物联监测(monitoring)和数据的管理与应用。它包括消防设施的业主应用平台、物业应用平台、维保应用平台和运维应用平台等,但随着应用的发展,其平台的应用不局限于这几个方面。此外,各类平台也可相互结合,其信息共享,以避免形成信息孤岛。

2.0.5~2.0.7 针对业主、物业、维保为用户主体的消防设施物联网的应用,提出了相应的应用平台。

2.0.8 信息运行中心在消防设施物联网系统应用层中,负责对信息的处理、存储。它也可以是有实体内容的虚拟机构。

2.0.9 物联网用户信息装置是针对数据采集的单元设置的集中

装置。它可以是一栋建筑物或构筑物的消防设施物联网的集成，也可以是区域多栋建筑物或构筑物的消防设施物联网的集成。物联网用户信息装置的设置数量宜与消防设施服务的范围相一致。

它具有用户的特性，集中系统的信息对外传输，并接收检测信息的消防设施物联网的终端装置。它也应满足现行国家标准《城市消防远程监控系统 第 1 部分：用户信息传输装置》GB 26875.1的要求。

这里汇聚到的信息库是指信息运行中心内的信息储存地址。它设置在消防设施物联网的用户端。

2.0.10、2.0.11 水系统信息装置和风系统信息装置是消防设施物联网系统中消防给水系统、消防机械防烟和机械排烟设施中，用于采集、交换系统感知信息的数字网络综合监测装置。

水系统不仅仅局限于自动喷水灭火系统，同时也包括其他灭火系统的信息。同样，风系统信息装置采集和发送的信息不仅局限于机械防烟系统、机械排烟系统，也包括防火阀、机械防烟阀等信息。

2.0.12、2.0.13 消防泵信息监测装置、消防风机信息监测装置是水系统信息装置和风系统信息装置采集信息的主要部件。

消防泵信息监测装置、消防风机信息监测装置应获取消防水泵、消防风机的启/停、手/自动、电源和故障等状态的信息。

消防泵信息监测装置除了满足现行国家标准《消防给水及消火栓系统技术规范》GB 50974 规定的"控制与操作"要求（消防泵控制装置）外，还具有数字网络传输、物联监测功能，并与末端试水、流量和压力自动检测联动。该装置也可由消防泵配电柜和数字网络监测柜组成。

消防风机包括了用于机械防烟和机械排烟的正压送风机、排烟风机或事故排风机等。

2.0.14 消防泵流量和压力监测装置系根据现行国家标准《消防

给水及消火栓系统技术规范》GB 50974 规定所设置的、具有感知功能的流量和压力测试装置。

2.0.15 针对消火栓系统、自动喷水灭火系统、自动跟踪定位射流灭火系统中末端试水的要求,现提出了物联网感知的自动试水装置。它设有压力传感器的监测功能。自动控制的电动型装置应在自动检测控制的同时带有信号反馈。

自动喷水灭火系统有相应的现行国家标准《自动喷水灭火系统 第 21 部分:末端试水装置》GB 5135.21,其英文名称基本按该标准的定义,以减少同一名称的多重说法。它可用于自动监测自动喷水灭火系统的启动、报警及联动等功能。在本标准称为末端自动试水装置,它相当于国家产品标准中的电动末端试水装置。如 ZSPM-80/1.2-DX,系指自动喷水灭火系统末端试水装置为公称流量系数 $K=80$,额定工作压力 $P=1.2MPa$,电动装置型。

试验消火栓自动试水装置、末端模拟自动试水装置分别为消火栓系统、自动跟踪定位射流灭火系统中末端试水装置。其用于末端试水的消火栓给水自动末端试水的装置。试验消火栓自动试水装置内应设置压力传感器。末端自动试水装置内应设置压力传感器。

2.0.16 消防设施物联网手持终端可以结合 APP 一体化终端。

它可实现消防设施总体情况汇总、异常情况报警、数据实时查看和维保单位工作情况考核,并在线生成规范检验报告,支持维保单位、检测机构、建设施工单位、质量监管部门和消防主管部门高层决策、中层控制、基层运作的集成化的人机系统。

它也是一种移动末端检测仪(mobile test device at the end, MTD),可用于消防给水系统中试验压力或消防机械排烟系统中试验风速的移动检测,并具备传输信号、定位的功能,采用快速接口连接的可移动的仪器。移动末端检测仪是一种移动的检测系统运行传输的仪器。它可以用于在现场检测消防给水系统中试验压力或消防机械排烟系统中试验风速的移动检测,并具备传输信号、GPS 定位的功能。它可用于水压、风压或风速的检测。对于消防水系统,则采用快速接口在现场连接,快速接口前宜设阀门以不降低原有系统的可靠性。

2.0.18 这里的"物联监测"更强调采用物联网的手段对消防设施的功能进行测试性的检查、检测和监视。但消防设施物联网系统不对消防设施进行控制。

消防设施物联监测的有关现行国家标准有《建筑消防设施的维护管理》GB 25201 以及相关消防设施(系统)的施工、验收规范、技术标准等的规定。

建筑消防设施的维护管理包括值班、巡查、检测、维修、养护、建档等工作。

2.0.19 物联巡查指采用物联网的手段的巡查,它也是消防安全工作的重要内容之一。它包括了通常的防火巡查,即通过巡视检查,及时发现、消除火灾隐患,纠正、制止违章行为,避免和减少火灾的发生,最大限度地保护国家和人民生命财产的安全。巡查系统的作用是要求防火巡查人员能够按照预先随机设定的路线顺序地对消防设施物联网设定的各巡查点进行巡视。它是一种消防物联的人员活动。它具有巡检线路导航系统,可实现巡检地点、人员、事件等显示,便于管理者管理。

物联巡查是类似于巡更的方式的日常防火巡查,也是一种应用最简单、直接的方法。物联巡查的内容可参考《机关、团体、企业、事业单位消防安全管理规定》(公安部令第 61 号)的要求,但不局限于这些方面。物联巡查主要有:用火、用电有无违章情况;安全出口、疏散通道是否畅通,安全疏散指示标志、应急照明是否完好;消防设施、器材和消防安全标志是否在位、完整;常闭式防火门是否处于关闭状态,防火卷帘下是否堆放物品影响使用;消防岗位与值班人员的在位情况;其他消防安全情况。

物联巡查将《防火巡查记录》电子化、数据化,还具有识别、判断、评价等功能。它是技术防范与人工防范的结合,也是一种消防设施物联网系统对人员活动的监测。

2.0.20 消防设施物联网服务是一种对消防设施物联网服务的能力和行为。它应该按照消防数据交换应用中心的管理要求建立，提供消防设施物联网系统，包括相应的应用软件（平台）。

消防设施物联网服务商主要指能提供消防设施的系统运行平台的运行服务者，也是其供应商或提供商。它通过自动采集、传输和处理数据而提供服务，并具有系统运行平台的供应商。

按现行国家标准《物联网术语》GB/T 33745 的规定，用户（user）指对物联网服务有需求的实体。而实体是客观存在的任何具体或抽象的事物，具有某种属性可以加以区分。消防设施物联网服务商为用户服务。

消防设施物联网服务的软件应建立相应的应用平台。它负责对消防数据交换应用中心开发，并上传信息数据。

此外，还有常规的相关传感器的名词。如压力传感器（pressure sensor），它是安装在消防给水系统管网或机械防烟、机械排烟系统管道中，用于感受压强并转换成可用输出信号的数字式传感器。它包括水压传感器和风压传感器。它能对管网、管道的压力值进行物联监测，并能通过网络进行数据传输。流量传感器（flow sensor），它安装在消防给水管道中，用于测量管道流量的数字式传感器。水位传感器（water level sensor），安装在防水池或消防水箱水位中，用于采集其水位的数字式传感器。

压力传感器、流量传感器、水位传感器、视频采集终端系数据采集的传感器。它们能感受规定的被测量指标，并按照一定的规律转换成可用输出信号的器件或装置。

压力传感器有静态压力传感器、动态压力传感器、表压传感器、差压传感器、绝压传感器、真空传感器。

消防给水系统的物联监测包括末端试水、消防泵流量和压力检测、消防泵配电控制装置。机械防烟和机械排烟设施的物联监测包括系统的风压（压差）、风量（风速）以及系统消防风机的开启、关闭和故障状态。最终可实现对消防设施的远程实时检测和管理。

消防给水系统中设置所选择的压力表(压力传感器),其压力的标度范围不应小于测量范围的 2.5 倍,外壳公称直径(Y)不应小于 100mm,精确度等级不应小于 1.6 级。

压力传感器是工业实践中最为常用的一种传感器,它是将压力转换为电信号输出的传感器。通常把压力测量仪表中的电测式仪表称为压力传感器。一般普通压力传感器的输出为模拟信号,模拟信号是指信息参数在给定范围内表现为连续的信号。或在一段连续的时间间隔内,其代表信息的特征量可以在任意瞬间呈现为任意数值的信号。压力传感器一般由弹性敏感元件和位移敏感元件(或应变计)组成。弹性敏感元件的作用是使被测压力作用于某个面积上并转换为位移或应变,然后由位移敏感元件或应变计转换为与压力成一定关系的电信号。有时把这两种元件的功能集于一体。压力变送器(pressure transmitter)是指以输出为标准信号的压力传感器,是一种接受压力变量按比例转换为标准输出信号的仪表。它能将测压元件传感器感受到的气体、液体等物理压力参数转变成标准的电信号(如 4~21mA DC 等),以供给指示报警仪、记录仪、调节器等二次仪表进行测量、指示和过程调节。

火灾自动报警系统的感知可以从报警主机来采集。这里的报警主机包括了火灾报警控制器、联动控制器。

目前的传感器均为数字式传感器为主。它把被测参量转换成数字量输出的传感器,是测量技术、微电子技术和计算技术的综合产物,是传感器技术的发展方向之一。其优点是测量精度高、分辨率高、输出信号抗干扰能力强和可直接输入计算机处理等。

数字式传感器包括光栅式传感器、磁栅式传感器、码盘、谐振式传感器、转速传感器、感应同步器等。广义地说,所有模拟式传感器的输出都可经过数字化而得到数字量输出。

3 基本规定

3.1 一般规定

3.1.1 消防设施物联网系统是基于原有消防设施,结合互联网、大数据、物联网,用于提高消防设施可靠性和管理水平的一种技术手段,其最终的效果还是体现在消防设施本身。因此,物联网系统的设置严禁降低原有消防设计、施工等技术的标准,不得影响原有消防设施的功能,也不得降低原有消防设施的可靠性。

消防设施物联网系统不得影响消防设施在发生火灾时的正常运行。为保证消防系统正常的灭火功能,消防设施物联网系统不论是否处于检测状态,均不得影响消防设施的正常联动和灭火功能。

本条强调消防设施物联网系统不应对设置消防物联网的消防设施运行状态进行控制。消防设施物联网系统对消防设施进行物联监测而不是控制。消防设施(系统)正常的运行状态不应受到消防设施物联网系统的影响。

在消防设施正常状态下,自动喷水灭火系统、机械防烟机械排烟系统和火灾自动报警系统联动控制的防火卷帘等防火分隔设施应处于自动状态。其他消防设施及相关设备如设置在手动状态时,应有在火灾情况下迅速将手动控制转换为自动控制的可靠措施。

3.1.2 消防设施物联网系统只是消防设施物联监测的手段之一,故不应排斥消防设施的其他检查、测试的技术与方法。这里的其他技术与方法是相对于消防设施物联网系统的。

在建筑消防设施和消防系统的维护和保养中,不仅需要检查

(inspection)，更需要通过检测（detection）来为维护提供技术支撑。现行国家标准《城市消防远程监控系统技术规范》GB 50440和《火灾自动报警系统设计规范》GB 50116 中，提出的是对消防设施的"监控"（monitoring）。而在本标准中，现阶段的消防设施物联网系统对消防设施主要进行"物联监测"（supervise and detection），即监视和检查、检测，但不对消防设施进行控制。物联网介入消防设计的监督与管理（supervise），检测侧重于消防设施的运维管理，与试验中的检查（test）有一定的区别，这里对检测更多的是验证消防设施的实际运行状态（平时与使用）。原有的城市消防远程监控系统、消防设备电源监控系统中出现的"监控"，对消防设施物联网系统来说，是对采集监控系统的信号进行物联监测。在视频采集终端中，本标准直接采用了"监视"的表述。

消防设施检测的标准有现行行业标准《建筑消防设施检测技术规程》GA 503。消防设施维护的标准有现行国家和行业标准《建筑消防设施的维护管理》GB 25201、《建筑消防设施的维护管理》GA 587。

3.1.3 本条提出了物联网安全的定性指标。按现行国家标准《物联网术语》GB/T 33745 的规定，对物联网机密性、完整性、可用性、私密性的方面加以保护。同时，需考虑可能涉及真实性、责任制、不可否认性和可靠性等其他属性。物联网安全管理是指为保护物联网信息、设备的安全，对物联网系统所选择并施加的管理、操作和技术等方面的控制。

具体的安全保护可建立物联网安全等级保护，对消防设施物联网产品或系统划分等级，做出对物联网信息安全事件相应的响应和处置。根据安全策略，消防设施物联网提供商应为用户提供某种安全功能及相关的保障。

3.1.4 数据（data）是信息的可再解释的形式化表示，以适用于通信、解释或处理。信息（information）是关于客体（如事实、事件、事物、过程或思想，包括概念）的知识，在一定的场合中具有特定的意义。

元数据(metadata)是指描述数据及环境的数据。数据挖掘是从大量的数据中通过算法搜索隐藏于其中信息的过程。数据分析指为提取有用信息和形成结论而对数据加以详细研究和概括总结的过程。数据融合是基于一组或多组数据而通过一定的处理过程以获得新的或更高质量信息的过程。

作为消防设施物联网系统,其上传的数据关键在于真实性、应用性。通过数据采集上传的元数据,进行数据挖掘、数据分析、数据融合。系统应避免形成数据的信息孤岛,让数据在智慧消防中体现出价值。此外,注重数据的共享性,与其他大数据平台的开放,这也是这一系统存在的意义。

3.2 系统的设置

3.2.1 本条规定了消防设施物联网系统的设置范围。明确了设有自动消防系统(设施)的建筑物或构筑物均应设置消防设施物联网系统。

本标准要求 3 款条件之一的建筑物或构筑物需设置消防设施物联网系统。主要判断建筑物或构筑物是否设有自动喷水灭火系统、机械防烟或机械排烟系统、火灾自动报警系统。

在本标准中,机械防烟或机械排烟设施统一称为机械防烟或机械排烟系统。

当然,在上海对一些政府实施工程项目、老式木结构住宅等设置了简易自动喷水灭火系统、独立式火灾自动报警系统等,简易、局部应用系统也是自动喷水灭火系统的一种形式,这类情况的消防设施物联网系统的设置今后在消防部门的相关规定中对具体的要求再进一步细化。

3.2.2 本条规定了消防设施物联网系统的设置要求。

在设有消防设施物联网系统的情况下,建筑物或构筑物内的消防给水及消火栓系统、自动喷水灭火系统、机械防烟和机械排烟系统、火灾自动报警系统应接入消防设施物联网系统。现阶段强调这些主要系统的物联，在有一定基础的情况下，进一步做扩大范围的应用。

本标准提出接入的最低要求，不限制其他消防设施接入消防设施物联网系统。随着消防设施的物联网技术的逐步应用，待技术的不断成熟，今后接入的消防设施种类也逐步增加，对提高整个消防安全有积极的意义。

在本标准中，其他消防设施指除消火栓系统、自动喷水灭火系统、机械防烟和机械排烟系统、火灾自动报警系统外的消防设施。

3.2.3　本条规定了消防设施物联网系统均应设物联网用户信息装置。物联网用户信息装置是联网用户上下联系的必经途径。它除了可反映建筑物或构筑物的用户基本信息外，更重要的通过传输层传递信息到应用层。

消防设施物联网系统的物联网用户信息装置类似于火灾报警集中控制装置。为便于管理，其安装应设置在消防控制室内。其设置的位置应与消防控制中心或有人值班的位置进行结合，以便于管理。

对应共用消防系统的建筑物或构筑物群而言，为避免系统的管理混乱，物联网用户信息装置应与消防设施服务的范围相一致。

3.2.4　本条规定了水系统信息装置、风系统信息装置的设置部位。从便于消防设备管理的角度出发，水系统信息装置宜设置在消防水泵房内，风系统信息装置宜设置在消防风机房内。水系统信息装置、风系统信息装置也可设置在消防控制室内。

3.2.5　本条规定了消防泵信息监测装置、消防风机信息监测装置的设置部位。消防泵信息监测装置宜就近设置在消防水泵内，消防风机信息监测装置宜就近设置在消防风机房内。

消防泵信息监测装置、消防风机信息监测装置宜设置在相应的消防水泵房、风机房内,直接面对消防水泵、消防风机,便于现场的调试、物联监测。为提高使用效率,节约建筑面积,提高经济性,只要在显示和功能上分开,不同的消防泵、消防风机可以共用信息监测装置。从经济的角度出发,不同的消防水泵可以合用信息监测装置,不同的消防风机可以合用信息监测装置。

3.2.6 结合各消防设施系统的具体情况,提出了一些装置可以进行组合设置。例如,消防泵信息监测装置可与水系统信息装置结合设置、消防风机信息监测装置可与风系统信息装置结合设置;水系统信息装置、风系统信息装置可与物联网用户信息装置结合设置。

对水系统信息装置、风系统信息装置的相对要求可以相对降低一些。在场地面积有限的情况下,合用设置也可使安装更方便。

按新建、改建项目的特点,规范考虑这一因素,允许消防泵信息监测装置、消防风机信息监测装置可与水系统信息装置、风系统信息装置结合设置,消防泵信息监测装置、消防风机信息监测装置可与对应的配电柜(箱)结合设置。

3.2.7 消防泵信息监测装置、消防风机信息监测装置可与对应设备的配电柜结合设置。但当消防泵信息监测装置或水系统信息装置与消防水泵控制柜结合设置时,其装置应符合消防水泵控制柜的产品认证规定。

3.2.8 信息运行中心应按消防控制室的要求设置,同时要防止较强电磁场的干扰或其他影响数据中心正常工作的外界因素。信息运行中心的设备用房应避开强电磁场干扰,或采取有效的电磁屏蔽措施。室内电磁干扰场强在频率范围为 1MHz～1GHz 时,不应大于 10V/m。

其设置位置应符合现行国家标准《建筑设计防火规范》GB 50016中消防控制室的有关规定。信息运行中心应设置在耐火等级为一、二级的建筑中。

3.3 系统体系架构

3.3.1 本条参考现行国家标准《物联网参考体系结构》GB/T 33474 的相关内容,公共技术是管理和保障物联网整体性能的技术,作用于概念模型的各个域。消防设施物联网系统的体系架构自下而上应由感知层、传输层、应用层、管理层构成。消防设施物联网系统有别于常规的物联网系统,在运用中需要在顶层增加监管层的层面,这也是系统的特色之一。管理层不仅仅在感知层、传输层、应用层之上,负责最终的协调、管理,同时也是管理中心的顶层。

物联网技术框架代表物联网信息技术的集合。通常涉及的主要技术分为感知、应用、网络和公共技术四个部分。就当前的主要技术而言,感知技术有采集控制技术(传感器、条形码、RFID、智能设备接口、多媒体信息采集、位置信息采集、执行器)、感知数据处理技术(传感网、网关模数转换、M2M 终端、传感网中间件)。网络技术有光通信网络、移动通信网、异构网、VPN、互联网、M2M 网络、局域网、Wi-Fi、自组织网络、总线网。应用技术有终端设计技术(手机终端、计算机终端、显示系统、专用终端、I/O 技术、人机工程)、应用设计技术(行业/专业应用设计、系统建模、系统分析、SOA 中间件)、应用支撑技术(M2M 平台、媒体分析、认证授权、分布数据处理、云计算、人工智能、海量存储、数据库、数据挖掘)。公共技术有标识、安全、QoS、网管。

在消防物联网体系架构中,感知层设备负责收集消防给水和灭火系统、机械防烟和灭火系统、火灾报警和控制、消防供配电设施、应急照明和疏散指示标志、应急广播系统和消防专用电话、消防分隔设施、消防电梯、建筑灭火器的相应信息。其数据采集的手段可包括传感器、物联网用户信息装置、二维码/电子标签、多媒体信息、人员活动信息。感知层设备的数据采集,以不影响现有的消防设施正常运行与不破坏现有消防设备为前提条件。通过传感器设备采集相应的消防设施信息,可以是固定安装的传感器,也可以是人为输入的数据。其采集的信号来源,包括模拟信号、开关量信号和数字信号。消防设施物联网的数据采集频率、数据传输频率可根据不同的系统要求确定。

3.3.2 消防设施物联网的感知层是消防物联网的基础,是信息采集的源头。感知层位于消防物联网四层架构的最底层。其功能为"感知",即通过传感器设备采集相应消防设施的信息。其采集的信息来源,既可以是固定安装的传感器,又可以是人为输入的数据。其采集的信号来源,包括模拟信号、开关量信号和数字信号。

感知层的设计必须遵循以下原则:准确性,数据采集必须准确,其量程最小误差符合相应系统的要求;稳定性,设备必须能够稳定地工作,能够不受环境因素的干扰;持久性,对于通过电池供电的设备,须保证最短连续工作时间不少于 3 年。

感知层的数据采集来源可包括传感器、电子标签、视频采集终端、物联监测、物联巡查等,但不限于这几种。所采集的数据须上传到物联网用户信息装置,已经实施的直接上传信息运行中心的项目将逐步统一。

3.3.3 不同的消防设施可有不同的消防设施物联网子系统。因此,消防设施系统应按不同的系统分别采集,并应汇总到相应的装置。

3.3.4,3.3.5 消防设施物联网的传输层包括传输网络、传输协议和传输安全,通过网络传输层将感知层所采集的数据传输到应用层进行数据处理。

传输层中的通信网是一种使用交换设备,传输设备,将地理上分散的用户终端设备互连起来实现通信和信息交换的系统。通信最基本的形式是在点与点之间建立通信系统,但这不能称为通信网。只有将许多的通信系统(传输系统)通过交换系统按一定拓扑结构组合在一起才能称之为通信网。消防设施物联网的通信网可借助于公共网络,也可以是内部的网络。

网络数据的传输需具有传输效率及响应速度的实时性,数据安全加密及数据传输过程中的安全性。消防设施物联网的传输层设计必须遵循以下原则:实时性,具备一定的数据传输效率及响应速度;安全性,传感设备数据安全加密及数据传输过程中应安全。

消防设施物联网的传输协议可由 HTTP,HTTPS,MQTT,Modbus 等组成。

3.3.6 消防设施物联网的传输网络在形式上有有线或者无线传输网络。对于有线传输网络宜采用宽带或者光纤,对于无线传输网络宜采用物联网专网、移动蜂窝网络。

由于消防设施设置的分散性,在数据采集的过程中,部分传感器带有一定的数据处理能力,可以进行协同信息处理,并进行短距离通信传输。这里将感知层的通信技术直接划在感知阶段中,信息传输方式既可以采用有线方式,又可以采用无线方式。公共性的低功耗广域网络(LPWAN)、基于蜂窝的窄带物联网(Narrow Band Internet of Things,NB-IoT)成为万物互联(IoE)网络的一个重要分支。

低功耗广域网络无线覆盖区域广泛,但功耗非常低,与 2G、3G、LTE 蜂窝无线技术形成对比,LPWAN 只是窄带网络。它对终端低成本有非常大的贡献,可以提升巨大的效率。低功耗广域网络让长时间电池寿命、广泛和深度的网络覆盖以及低成本模块得以实现,从而为此类效益提升服务。低功耗广域网络是适合物联网的无线技术之一。NB-IoT 是 IoT 领域一个新兴的技术,支持低功耗设备在广域网的蜂窝数据连接,也被叫作低功耗广域网(LPWA)。NB-IoT 构建于蜂窝网络,只消耗大约 180kHz 的带宽,可直接部署于 GSM 网络、UMTS 网络或 LTE 网络,以降低部署成本、实现平滑升级。NB-IoT 支持待机时间长、对网络连接要求较高设备的高效连接。NB-IoT 设备电池寿命可以提高至至少 5 年,同时还能提供非常全面的室内蜂窝数据连接覆盖。

3.3.7~3.3.9 消防设施物联网的应用层中技术支撑服务侧重于数据处理,信息运行中心侧重于数据存储,数据应用平台侧重于应用平台。

数据经过解释并赋予一定的意义之后,便成为信息。数据处理的基本目的是从大量的、可能是杂乱无章的、难以理解的数据中抽取并推导出对于某些特定的人们来说是有价值、有意义的数据。数据处理是系统工程和自动控制的基本环节。

消防设施物联网的应用层服务支撑技术由消息队列、内存计算、负载均衡、并行运算、协议处理、运维管理及实时报警等组成。信息运行中心可采用分布式数据库、分布式文件系统来确保海量存储。

信息运行中心必须支持负载均衡、异地容灾等方式,确保数据传输的可靠性。其设计应遵循的原则为:①可扩展性:系统模块可拼接化,实现低耦合,高内聚。服务器模块在不影响数据中心正常运行的前提下,可灵活扩展。②可维护性:系统可以动态更新,局部快速更新,动态功能模块扩展。③高并发性:可同时处理全上海市数据上传并发和访问查询并发。④实时性:实时查看数据的变动信息。⑤安全性:确保数据上传和查询的安全性,可以采用 VPN,OPENSSL 等技术进行授权和加密。⑥可靠性:满足数据存储的可靠,必要时在不同的位置设置数据备份。⑦可用性:确保数据的可用,分类管理、有效读取和存储。

消防设施物联网系统的数据应用平台将数据处理完毕后翻译成为有逻辑可理解的数据,加以应用到建筑消防的各个层面。其设计应遵循的原则为具有:①开放性,保证系统的开放,可以与其他任意一应用进行对接;②标准性,保证可以高效简单地进行对接;③容灾性,满足容灾方面的需求。

3.3.10 本条明确了消防设施物联网服务的软件需建立相应消防设施物联网系统的系统运行平台,提供给社会单位。由系统运行平台根据使用性质的不同建立业主应用平台、物业应用平台、维保应用平台。社会单位的信息上传至消防数据交换应用中心。

3.3.11 管理层应包含消防数据交换应用中心和管理中心。其承担了系统应用、监管的功能。实体为消防数据交换应用中心,它对消防设施物联网系统的技术进行定义,并应对消防设施物联网系统的实施行为进行监管。

消防数据交换应用中心的管理对消防设施物联网的技术进行定义,对消防设施物联网的行为进行管理。条文提出的监管包括了日常的监督和准入管理。消防设施物联网管理中心对下负责消防设施物联网,对上接受消防大数据中心分析应用平台的管理。消防设施物联网的管理中心对数据字典定义、基础规则定义、传输协议定义、认证信息管理等进行管理。

系统的实施行为对象包括但不限于:社会单位、维保单位、消防设施物联网服务商、相关从业人员、行业和消防主管部门等。

3.4 系统的功能和性能

3.4.1 强调消防设施物联网系统具体对消防设施的物联监测、定期信息传输的功能。消防设施物联网系统应具有联网用户信息、消防设施物联监测、运行状态、故障信息的传输、显示和报警功能。

本标准中的消防设施物联网系统,其功能和性能上,不考虑对设置消防物联网的消防设施运行状态进行控制。这里的运作状态指消防设施正常的灭火工作状态。

基于现行消防设施物联网系统的设计原则,强调不降低原有消防设施的可靠性。若有控制的需求,必须通过报警主机的联动控制器来进行控制,不允许直接控制各个子系统。这样也有利于基于消防物联网来组建跨地域的消防物联网报警系统。

系统的功能主要指消防设施物联网系统及其组件所发挥的有利作用。功能的定义是对象能够满足某种需求的一种属性。凡是满足使用者需求的任何一种属性都属于功能的范畴。满足使用者现实需求的属性是功能，而满足使用者潜在需求的属性也是功能。本标准对功能的规定主要侧重于系统的能力和作用（特定职能）方面。系统的性能主要指系统具有适合功能要求的主要技术特性，也就是实现系统所需要的某种行为的能力。功能使得设计便于参数化和赋值，可以基于一些数据进行评估、按指标进行评价和性能的测试。

现行国家标准《城市消防远程监控系统技术规范》GB 50440和《城市消防远程监控系统》GB 26875对消防设施物联网系统也有类似的规定。

3.4.2 消防设施物联网的管理中心具有管理功能，需具有标识、安全、QoS、网管等公共技术。

QoS是指服务质量（Quality of Service，Service Quality），它是指服务能够满足规定和潜在需求的特征和特性的总和，是指服务工作能够满足被服务者需求的程度。按照国际质量认证组织的ISO 8402:1994的定义，服务质量当指服务满足规定或潜在需要的特征和特性的总和。它是为使目标顾客满意而提供的最低服务水平，也是保持这一预定服务水平的连贯性程度。其特性是用以区分不同类别的产品或服务的概念。服务质量最表层的内涵应包括服务的安全性、适用性、有效性和经济性等一般要求。服务质量是需要从五个方面来定义：可靠性、响应性、保证性、移情性和有形性。服务质量的评估是在服务传递过程中进行的。QoS是网络的一种安全机制，是用来解决网络延迟和阻塞等问题的一种技术。在正常情况下，如果网络只用于特定的无时间限制的应用系统，并不需要QoS，比如Web应用，或E-mail设置等。但是对关键应用和多媒体应用就十分必要。当网络过载或拥塞时,QoS能确保重要业务量不受延迟或丢弃,同时保证网络的高效运行。

3.4.3 本条提出应用层中的数据应用平台的功能。

GIS是指地理信息系统(Geographic Information System 或 Geo-Information system)的简称。它是在计算机硬、软件系统支持下,对整个或部分地球表层(包括大气层)空间中的有关地理分布数据进行采集、储存、管理、运算、分析、显示和描述的技术系统。它是一种特定的十分重要的空间信息系统。

在GIS上实时展示所采集消防设施的运行状态信息,以便确定信息点的位置。应用层根据不同的使用性质而提供不同的应用平台,软件的应用建立在系统运行平台的基础上,不同的使用性质(对象)需要不同的权限,并应提供 Web、APP、短信、微信、语音电话等使用方式,并应能支持数据访问的接口。

根据消防设施物联网系统对消防设施的物联监测、定期信息传输的功能要求,对处理的信息应能数据查询、及时推送,能对未按照规范要求进行维护保养工作的建筑物维保单位进行提醒,并能将相关信息通知到建筑物管理单位的消防安全管理人和相关行业主管部门。

提出消防设施物联网系统的视频的功能。一是考虑目前一部分视频采集终端的接入要求;二是视频技术也是今后发展的方向之一。

3.4.4 从管理方便的角度出发,水系统信息装置除包含各类水灭火系统的物联信息,还可包括各类气体灭火系统等其他灭火系统的物联信息。这样它将所有的灭火系统信息进行了集中的汇集。

本条明确了风系统信息装置包含机械防烟和机械排烟设施系统的物联信息。它是机械防烟和机械排烟设施系统的信息汇集。

3.4.5 手持终端既有信息采集的功能,又有定位、终端处理的功能。在信息采集上,可以采集管网压力、风速、温度、湿度等信息。

3.4.6 APP(Application)是指智能手机的第三方应用程序。本条对消防设施物联网系统的 APP 功能给出了基本的要求。

IOS 及 Android 为操作系统支持要求,与信息运行中心进行数据互通,现场取证、点位记录、现场拍照、定位等功能。通常与手机结合,现行的手机功能也基本满足 APP 的需求。

3.4.7 考虑到可能有国外设备或软件的应用,需要满足本土化的要求。现明确提出消防设施物联网的数据应用平台、信息运行中心、物联网用户信息装置应采用中文,对西文应进行汉化。

3.4.8 本条提出消防设施物联网系统的性能指标要求。

1 从物联网用户信息装置获取火灾报警信息到信息运行中心接收显示的响应时间不应大于 10s。国家现行标准《城市消防远程监控系统技术规范》GB 50440-2017 第 4.2.2 条第 2 款的规定是 20s,国家现行标准《城市消防远程监控系统 第 1 部分:用户传输装置》GB 26875.1-2011第 4.1.2 条第 1 款的规定是 20s,现消防设施物联网系统提出更高的要求。

2 提出物联网信息中心向城市消防通信指挥中心或其他接警中心转发经确认的火灾报警信息的时间不应大于 3s。值得提醒的是,转发的火灾报警信息一定需要消防设施物联网服务的软件向发生火灾报警信息的单位进行打电话确认,然后再进行转发。

本款参考国家现行标准《城市消防远程监控系统技术规范》GB 50440-2007 第 4.2.2 条第 3 款的规定,主要的要求对确认的火灾报警信息需要向消防的通信指挥发出信息。

3 参考国家现行标准《城市消防远程监控系统 第 1 部分:用户信息传输装置》GB 26875.1-2011 第 4.1.2 条第 1 款规定是 20s,提出从物联网用户信息装置获取消防水泵、防排烟风机手自动信息,压力传感器、电气火灾监控探测、可燃气体探测的异常信息到物联网信息中心接受显示的响应时间不应大于 20s。这里强调的是异常信息,即非正常状态的信息。

4 提出压力传感器、电气火灾监控探测、可燃气体探测等传感器以及水系统信息装置、风系统信息装置的数据上传周期不应大于30min。这里为常态的信息传输,异常信息按上一款的要求执行。

5 参考国家现行标准《城市消防远程监控系统技术规范》GB 50440－2007第4.2.2条第3款的规定,提出物联网用户信息装置与水系统信息装置、水系统信息装置与消防泵信息监测装置,物联网用户信息装置与风系统信息装置、风系统信息装置与风机信息监测装置之间的通信巡检周期不应大于30min。

6 参考国家现行标准《城市消防远程监控系统技术规范》GB 50440－2007第4.2.2条第4款的规定不应大于2h,并能动态设置巡检方式和时间。考虑到物联网通信方面的优势,可以采用更高的要求,提出物联网用户信息装置与信息运行中心之间的通信巡检周期不应大于30min。

7 提出所采集的信息记录应备份。其保存周期不应小于1年,视频文件的保存周不应少于6个月。

8 信息系统安全的要求按现行国家标准《信息安全技术信息系统安全等级保护基本要求》GB/T 22239 的规定执行。

信息系统根据其在国家安全、经济建设、社会生活中的重要程度,遭到破坏后对国家安全、社会秩序、公共利益以及公民、法人和其他组织的合法权益的危害程度等,由低到高划分为五级,五级定义见现行国家标准《信息安全技术 信息系统安全等级保护定级指南》GB/T 22240。根据消防设施物联网系统的安全特点,提出其安全等级必须达到保护三级。第三级的基本安全保护能力应能够在统一安全策略下防护系统免受来自外部有组织的团体、拥有较为丰富资源的威胁源发起的恶意攻击、较为严重的自然灾难以及其他相当危害程度的威胁所造成的主要资源损害,能够发现安全漏洞和安全事件,在系统遭到损害后,能够较快恢复绝大部分功能。

3.4.9、3.4.10 提出消防设施物联网系统的电源要求同现行国家标准《火灾自动报警系统设计规范》GB 50116 中的系统供电要求。消防设施物联网系统宜采用消防电源,物联网用户信息装置应采用消防电源供电。

消防设施物联网系统应设置交流电源和蓄电池备用电源。消防设施物联网系统的交流电源应采用消防电源,备用电源可采用物联网用户信息装置和水系统信息装置、风系统信息装置自带的蓄电池电源、UPS电源装置或消防设备应急电源。当备用电源采用消防设备应急电源时,物联网用户信息装置宜采用单独的供电回路。

消防设施物联网系统应具有主电源、备用电源自动转换功能。备用电源的容量应能保证传输设备连续正常工作时间不小于 24h。同样,消防设施物联网系统的主电源不应设置剩余电流动作保护和过负荷保护装置,其回路、接地要求同火灾自动报警系统。

3.4.11 给出了应用层中的数据应用平台的性能的要求。其原则是:数据应有实时性、安全性、持久性、可用性。

3.4.12 给出了信息运行中心的性能要求。

数据安全、存储可靠、负载均衡、异地灾备等要求为自建信息运行中心需做到的。也可将信息储存在"云端"。

HTTP(超文本传输协议,Hyper Text Transfer Protocol)是一个客户端和服务器端请求和应答的标准(TCP)。所有的WWW 文件都必须遵守这个标准,它是互联网上应用最为广泛的一种网络协议。客户端是终端用户,服务器端是网站。通过使用Web 浏览器、网络爬虫或者其他的工具,客户端发起一个到服务器上指定端口(默认端口为 80)的 HTTP 请求。HTTP 只假定(其下层协议提供)可靠的传输,任何能够提供这种保证的协议都可以被其使用。HTTPS(网络协议,Hyper Text Transfer Protocol over Secure Socket Layer)是以安全为目标的 HTTP 通道。即 HTTP 下加入 SSL 层,HTTPS 的安全基础是 SSL,因此加密的详细内容就需要 SSL。它是一个 URI scheme(抽象标识符体系),句法类同 http:体系。HTTPS 存在不同于 HTTP 的默认端口及一个加密身份验证层(在 HTTP 与 TCP 之间)。HTTPS 超文本传输协议 HTTP 协议被用于在 Web 浏览器和网站服务器之间传递信息。HTTP 协议以明文方式发送内容,不提供任何方式的数据加密,如果攻击者截取了 Web 浏览器和网站服务器之间的传输报文,就可以直接读懂其中的信息,因此 HTTP 协议不适合传输一些敏感信息,比如信用卡号、密码等。http 的连接很简单,是无状态的;HTTPS 协议是由 SSL+HTTP 协议构建的可进行加密传输、身份认证的网络协议,比 HTTP 协议安全。

3.4.13 统一消防设施物联网设备的时钟很有必要,可以通过时间服务器自动同步时钟,也就是互联网的时间。

3.4.14 对于火灾报警信号,信息运行中心应区别于屏蔽、故障、消音信息,需及时采用人工客服的方式进行确认,防止延误初期火灾的信息。服务商对不同的信息建立不同的处理等级,对应不同的推送方式,不同的推送对象。由于目前消防设施物联网的发展处于初级阶段,对具体的要求暂时不予细节规定。

提出推送的信息能够具有查看、确认等操作,这是对信息的反馈确认,形成完整的信息循环链。

3.4.15 对消防联动信息生成消防设施运行状态的报告,有利于提高消防管理的水平。通过向社会单位、维保单位和行业主管部门的推送,既可直观了解宏观的消防设施状态,又可重视消防设施的意识。

3.4.16 物联网用户信息装置的性能主要参考现行国家标准《城市消防远程监控系统》GB 26875 和《城市消防远程监控系统 第1部分用户信息传输装置》GB 26875.1 的相关要求。该装置还应需要取得 CCCF 的认证。

3.4.17 该条提出消防设施状态的实时显示信息的内容,也是其性能体现的一部分,在消防设施物联网系统中,相关装置和传感器的信息采集与其有密切的关系。

显示的信息包括但不局限于：消防水泵、消防风机、火灾自动报警系统设备的供电电源和备用电源的工作状态；消防水泵、消防风机的手动/自动工作状态、启动/停止动作状态、故障状态；消防水箱（池）水位、管网压力报警信息、压力开关的正常工作状态和动作状态。其他消防设施的信息也可接入进行显示。

3.4.18 考虑到消防设施物联网要适用于各种工作环节，本条提出了其电气的防尘防水的等级要求。消防设施物联网系统的设备（含传感器）的防护等级应适应所在环境的要求。

为经济合理应用，针对不同的应用场所，现提出不同的等级标准。设有消防设施物联网系统的设备（含传感器）除与消防水泵设置在同一空间的防护等级不应低于IP55，其余的防护等级不应低于IP30。本条要求参考了现行国家标准《消防给水及消火栓系统技术规范》GB 50974 的规定。

IP等级（防尘防水）系 Ingress Protection 或者 International Protection code 的缩写，它定义了一个界面对液态和固态微粒的防护能力，主要是针对电气设备外壳对异物侵入的防护等级，如：防爆电器，防水防尘电器。它的来源是国际电工委员会的标准IEC 60529，可参考现行国家标准《外壳防护等级（IP 代码）》GB 4208。IP后面跟了2位数字，第1个是固态防护等级，范围是0~6，分别表示对从大颗粒异物到灰尘的防护；第2个是液态防护等级，范围是0~8，分别表示对从垂直水滴到水底压力情况下的防护。数字越大表示能力越强。IP55防护等级是指接触保护和外来物保护等级为防止有害的粉尘堆积，防水保护等级为用水冲洗无任何伤害。IP30指防尘等级为防止小固体进入侵入，防水等级为没有保护。

3.4.19 给出消防设施数据采集的功能和性能要求。其原则是数据采集应具备准确性、感知设备应具有稳定性、感知设备应具持久性。

在感知设备的设置位置和数据采集中,应以不影响现有的消防设施正常运行与不破坏现有消防设备为前提条件,消防设施物联网的感知必须满足原有消防设施的功能。

3.4.20 为保证消防设施物联网的安全应用,爆炸性等特殊环境的系统性能应满足相关的防爆规定。如现行国家标准《爆炸性环境 第1部分:设备通用要求》GB 3836.1规定,国家防爆电气产品质量监督检验中心、机械工业低压防爆电器产品质量监督检测中心等对防爆电气设备可以进行防爆检验。同时,也要考虑腐蚀性等特殊环境应用的耐腐蚀问题。

3.4.21 统一提出消防设施物联网系统应对物联监测点位的异常状态进行及时的报警,上报过程不受设定时间限制,在任何情况下都要立即上报。

3.4.22 本条是对物联巡查提出的功能和性能要求。具体有记录消防设施的属性、位置、状态和人员活动。属性为对象的性质,位置在于定位设施的唯一性,状态对应其运行的情况,人员活动为行为的跟踪。

3.4.23 本条提出消防泵信息监测装置、消防风机信息监测装置对事件的记录要求。保存至少1 000条在现行的应用中容易做到,也满足系统的追踪要求。

消防泵信息监测装置、消防风机信息监测装置直接针对消防设施系统"心脏"的服务,且设置在消防机房内。装置在功能上,同时有声和光的报警,可以引起人员的注意,也是有效的报警形式。声可以是蜂鸣,也可以是动作的语音。这有利于提醒相关人员引起重视,特别是采用语音提示可更为直接加强对信号的理解。

3.4.24 本条是对消防泵流量和压力监测装置的性能给出具体的要求。

其应用的环境主要设置在消防水泵房,不提倡设置在室外,故从环境温度加以限制。功耗提出的要求是按最大管径 DN250考虑的。

4 系统感知设计

4.1 一般规定

4.1.1 传感器是一种检测、处理、感知数据信息的装置。一般由感应、量化和数据处理等模块组成。传感器能感受到被测量的信息，并将感受到的信息，按一定规律变换成所需形式的信息输出。数据采集一般借助各类型的传感器完成。

传感器宜具备数据整理与分析功能。通过加载训练模型比对与实时数据处理等操作流程，传感器能够给出对应时刻该物联监测点位的状态判断，形成事件型上报消息。

消防设施物联网系统涉及的传感器类型主要包括：报警主机信息采集终端器、水系统信息采集传感器、二维码标签、RFID 标签、风速传感器和多媒体信息采集设备等。

本条给出了消防设施物联网系统传感器的物联监测设置的原则，应结合使用功能、火灾危险性、扑救难度、现场联网条件等因素确定。

4.1.2 本条明确了火灾自动报警系统的信息采集原则：即感知层的设施数据采集应优先利用原有消防设施已有的感知信息。

当设有自动火灾报警系统时，其信息应从火灾报警控制器、消防联动控制器、消防设备电源状态监控器、消防应急广播的控制装置等的信息采集的终端采集。

4.1.3 现行国家标准《物联网标识体系物品编码 Ecode》GB/T 31866 给出物品编码的规定，消防设施物联网系统统一按此执行。消防设施物联网系统的物品编码可以防止信息孤立、资源浪费，有利于形成完整的产业链。

本条说明了消防设施物联网系统的物品编码的要求。其物品编码应符合现行国家标准《物联网标识体系物品编码 Ecode》GB/T 31866 的有关规定。Ecode 是 Entity Code for IoT 的缩写。它的提出遵循了唯一性、兼容性、可扩展性、安全性和实用性等原则,适用于物联网各种物理实体、虚拟实体。Ecode 编码的一般结构分为三段式:"版本＋编码体系标识＋主码"。版本(Version,V)用于区分不同数据结构的 Ecode。编码体系标识(Numbering System Identifier,NSI)用于指示某一标识体系的代码。主码(Master Data Code,MD)用于表示某一行业或应用系统中标准化的编码。

4.1.4 本条给出了传感器选择的具体要求。

首先是对应物联监测位置、压力、压差、流量、水位等信息的设计要求,且工作环境温度、湿度应满足所处环境和系统的设计要求,然后是传感器自身的要求。传感器希望集成传感器、数模转换模块、数据通信传输模块等信息采集处理功能模块,构成一体化的信息采集传感器,并宜支持远程参数配置。

规定提出了传感器的采样频率、数据传输频率,当采集中出现异常时,应不受传输频率的限制,立即上传。

对消防给水的压力传感器量程按系统的最大允许工作压力给出了 0～2.4MPa。水系统信息采集传感器(压力表)表盘直径应不小于 100mm,需采用直径不小于 6mm 的管道与消防水管相接。F.S.(Full Scale)表示满量程,即额定检测距离的范围。

传感器作为计量设备应考虑校准功能。标定(Calibration)指使用标准的计量仪器对所使用仪器准确度(精度)进行检测是否符合标准。其作用是确定仪器或测量系统的静态特性指标,消除系统误差,改善仪器或系统的精确度。确定仪器或测量系统的输入—输出关系,赋予仪器或测量系统分度值。在科学测量中,标定是一个不容忽视的重要步骤。校准指校对机器、仪器等准确。在规定条件下,为确定测量仪器或测量系统所指示的量值,或实物量具或参考物质所代表的量值,与对应的由标准所复现的量值之间关系的一组操作。校准可能包括以下步骤:检验、矫正、报告,或通过调整来消除被比较的测量装置在准确度方面的任何偏差。在检定、校准和校验三者的关系上,实际中不完全独立。在检定和校验中都包含有校准过程,只是是否给出校准结果的问题。中国有的检定证书附页中规定给出具体示值误差值,这种检定实际上已同时具有校准的性质。国家技术监督局 1996 年发布的关于"检定/校准证书"的通知则正式肯定和扩大了这种性质,即依据检定的规程在需要时可以进行校准。校验与校准也应有类似关系,即在校验活动中也可进行校准,当然校验还可确定其他性能。

4.1.5 电子标签包括:RFID 标签、NFC 标签、二维码标签、蓝牙标签、Wi-Fi 标签。本条对各类电子标签的选用提出了要求。

4.1.6 视频采集终端的选用需符合现行行业标准《安全防范视频监控摄像机通用技术要求》GA/T 1127 的规定。在消防设施运用中,应支持日夜模式。

CIF 为常用视频标准化格式的简称(Common Intermediate Format),其视频采集设备的标准采集分辨率 CIF 为 352×288 像素。QCIF 也是常用的标准化图像格式(Quarter Common Intermediate Format),其像素为 176×144。

要求本机循环存储功能,主要考虑到视频传输的数据流量较大,且物联监测中并非连续上传,故可以采用本地储存、网络调用的方式。存储实时视频图像时间可按不小于 24h 设定。

4.1.7 采用 24V 的直流电源为常用的消防电源供电,这有利于传感器的供电。若采用电池供电,也可选用其他的 4.2V 或其他的电压等级。

4.1.8 消防泵信息监测装置、消防风机信息监测装置宜能人工或自动巡检,主要为方便检测。

4.2　消防给水及消火栓系统

4.2.1　本条规定了消防给水及消火栓系统的物联监测感知设置要求。

1　设置水系统信息装置、消防泵信息监测装置是针对系统的，设置消防泵流量和压力监测装置是按现行国家标准《消防给水及消火栓系统技术规范》GB 50974 的要求设置的，有条件的情况下可采用自动装置。考虑到既有建筑消火栓系统按原设计标准未有消防水泵流量和压力检测的要求，因此，对此类建筑不做强制要求。

2　试验消火栓处为消火栓系统的最不利点，在该点应设置末端试水监测装置可以了解系统的最不利处的状况。对于有分区的消火栓系统，提出了在消防给水各分区最不利处消火栓或试验消火栓宜设压力传感器或预留手持终端的接口。

3　为判断消防用水量的储存状况，高位消防水箱、转输消防水箱和消防水池内设置水位传感器。

4　在消防水泵的进水总管、出水总管上设置压力传感器，用于判断消防水泵进出水管的压力情况。

5　根据上海消防供水的状况，提出在总体消防引入管的消防水表后宜设置压力传感器，以了解总体室外消火栓系统的状况。

消防给水中，可选择带物联网功能的成套消防水泵泵组。成套消防水泵泵组须按规定进行消防认证。一体化的装置具有标准化、数字化、智能化的特点，它有利于提高消防给水系统的安全可靠性。

4.2.2　本条提出了消防给水系统上压力传感器设置的方法。即消防给水管道上设置的压力传感器在系统管道上接出支管或利用原有压力表的连接支管。

支管的长度不宜大于 500mm，并应在压力传感器前设置检修的阀门。

消防给水管道的开口或支管的管道连接宜采用沟槽连接件（卡箍）连接，其支管的管径宜尽可能与消防给水管道的管径接近。推荐采用的机械三通规格为（消防给水管道管径×支管管径）：DN65×40，DN80×50，DN100×80，DN150×100，DN200×100，DN250×150，DN300×150。

机械三通的支管接出的连接可采用沟槽式、螺纹式、法兰式。支管上的阀门在运行状态应该处于常开状态。当压力传感器需要维护时，可暂时关闭。其阀门可处于闸阀、球阀，以减少支管内的水头损失。

4.2.3 本条对消防泵流量和压力监测装置内部的传感器设置提出要求。

4.2.4 末端试水监测装置的动作时间指联动消防水泵的启动时间，即发出该装置动作到消防水泵启动的时间。规定 30s 时间，参考了前版国家标准《建筑设计防火规范》GB 50016－2006 中提出的消防水泵启动时间的要求。

4.2.5 由于末端试水监测装置平时阀门处于常闭状态，故其信号反馈装置在其开启后输出信号。当试验排水时，也就是测试动作，其采集的压力数据应实时上传。

4.2.6 这里再次强调消防水泵应处于自动状态。

4.3 自动喷水灭火系统

4.3.1 自动喷水灭火系统传感器的物联监测设置要求应根据使用性质、火灾危险性、扑救难度、现场联网条件等因素确定。

目前，自动喷水灭火系统的感知设置在消防给水部分同消防给水及消火栓系统的要求。本标准中，对末端自动试水装置提出了最低的要求。即每个报警阀组控制的最不利点喷头处设置末端自动试水装置。其他防火分区、楼层均宜设压力传感器或预留手持终端的接口。

4.3.2 作为自动喷水灭火系统的末端自动试水装置在现行国家标准《自动喷水灭火系统 第21部分：末端试水装置》GB 5135.21中规定为电动末端试水装置。该产品现需要通过消防 CCCF 的产品认证。

其信号采集上，应在其开启后输出信号。当试验排水时，其采集的压力数据应实时上传。

4.4 机械防烟和机械排烟系统

4.4.1 机械防烟和机械排烟系统传感器的物联监测设置要求应根据使用性质、火灾危险性、扑救难度、现场联网条件等因素确定。现阶段机械防烟和机械排烟设施的物联网物联监测消防风机和消防风机前后的压差。

消防风机信息监测装置了解风机的运行状态，并感知消防风机处于自动挡状态。在消防风机检测时，消防风机的前后风管上宜设置差压传感器，以反映出消防风机是否能够出风，也可感知风管前后是否有严重的堵塞情况。

4.4.2 要求对信息的上传。对应的采集信号也可转换为对应的风量。

4.4.3 这里提出手持终端也可对机械防烟分区内的机械排烟风口风量的进行检测。这包括起端的检测，也包括对最不利点处的检测。

4.5 火灾自动报警系统

4.5.1 消防设施物联网系统应对火灾自动探测报警系统、消防联动控制系统进行物联监测。数据采集的内容主要依据现行国家标准《火灾自动报警系统设计规范》GB 50116 中附录 A 的内容，如表1。

表1　火灾报警、建筑消防设施运行状态信息

设施名称		内容
火灾探测报警系统		火灾报警信息、可燃气体探测报警信息、电气火灾监控报警信息、屏蔽信息、故障信息
消防联动控制系统	消防联动控制器	动作状态、屏蔽信息、故障信息
	消火栓系统	消防水泵电源的工作状态,消防水泵的启、停状态和故障状态,消防水箱(池)水位、管网压力报警信息及消火栓按钮的报警信息
	自动喷水灭火系统、水喷雾(细水雾)灭火系统(泵供水方式)	喷淋泵电源工作状态,喷淋泵的启、停状态和故障状态,水流指示器、信号阀、报警阀、压力开关的正常工作状态和动作状态
	气体灭火系统、细水雾灭火系统(压力容器供水方式)	系统的手动、自动工作状态及故障状态,阀驱动装置的正常工作状态和动作状态,防护区域中的防火门(窗)、防火阀、通风空调等设备的正常工作状态和动作状态,系统的启、停信息,紧急停止信号和管网压力信号
	泡沫灭火系统	消防水泵、泡沫液泵电源的工作状态,系统的手动、自动工作状态及故障状态,消防水泵、泡沫液泵的正常工作状态和动作状态
	干粉灭火系统	系统的手动、自动工作状态及故障状态,阀驱动装置的正常工作状态和动作状态,系统的启、停信息,紧急停止信号和管网压力信号
	防烟排烟系统	系统的手动、自动工作状态,防烟排烟风机电源的工作状态,风机、电动防火阀、电动排烟防火阀、常闭送风口、排烟阀(口)、电动排烟窗、电动挡烟垂壁的正常工作状态和动作状态
	防火门及卷帘系统	防火卷帘控制器、防火门监控器的工作状态和故障状态;卷帘门的工作状态,具有反馈信号的各类防火门、疏散门的工作状态和故障状态等动态信息
	消防电梯	消防电梯的停用和故障状态
	消防应急广播	消防应急广播的启动、停止和故障状态
	消防应急照明和疏散指示系统	消防应急照明和疏散指示系统的故障状态和应急工作状态信息
	消防电源	系统内各消防用电设备的供电电源和备用电源工作状态和欠压报警信息

4.5.2 本条提出消防设施物联网系统对电气火灾监控系统物联监测的数据采集要求。

电气火灾监控系统的数据采集应包括剩余电流、温度、电流及末端照明回路上的故障电弧参数信息。数据采集应能在电流、电压、剩余电流、温度或故障电弧发生异常时进行报警，应能对电气火灾监控系统本身的故障进行报警。

4.5.3 本条提出消防设施物联网系统对可燃气体报警系统物联监测的数据采集要求。

4.5.4 本条提出对消防设施物联网采集消防设备供电的采集信息要求。在现行国家标准《消防设备电源状态监控器》GB 28184中有相关要求。

4.6 其他消防设施

4.6.1 自动跟踪定位射流灭火系统、水喷雾灭火系统、细水雾灭火系统、泡沫灭火系统、固定消防炮灭火系统的感知设置与消防给水的要求一致。物联监测系统的主要对象为系统的"心脏"水泵和末端试水。

在自动跟踪定位射流灭火系统最不利处点的试水装置中，采用末端试水监测装置。

4.6.2 气体灭火系统和二氧化碳灭火系统的感知设置主要监测系统的关键要素。

应采集气体控制盘手动和自动信息，系统的报警、喷放、故障信息，系统内的压力状况，灭火剂的存储量变化或泄漏情况，还有防护区域的密闭性。压力泄漏传感器采用压力表，但不应破坏原系统。可以采用视频识别技术，也可以采用灭火剂质量传感器。气体气密性传感器可采用超声波传感器进行判别。

4.6.3 本条给出了应急照明和疏散指示标志物联网系统的感知设置要求。要求采集系统的故障状态和应急工作状态信息。

4.6.4 本条给出了对应急广播系统的物联网感知设置采集的要求。它需采集应急广播系统的启动、停止的运行状态和故障报警的信息。

4.6.5 消防专用电话的物联网系统的感知设置感知消防专用电话的故障状态信息即可。

4.6.6 消防分隔设施也是消防设施关注的问题。其信息采集不同于消火栓系统、自动喷水灭火系统等系统。它可以采用电子标签、物联巡查的方式进行信息采集。此外,从防火卷帘控制器、防火门控制器中可采集其工作状态、电源状态和故障状态信息。

4.6.7 消防电梯的感知关注消防电梯迫降信息、停用和故障状态信息。

4.6.8 现阶段,对建筑灭火器的物联网系统提出简单的设置要求。值得一提的是,电子标签不得破坏灭火器结构的本体性能。主要考虑到在传感器的安装上,植入的传感器不应破坏灭火器的原有功能。

4.6.9 电动排烟窗、电动挡烟垂壁以及其他联动设备的物联网系统设置,主要显示联动设备的启、停或动作状态信息。

4.6.10 在消防控制室、消防水泵房设置视频采集终端,采集人员活动的信息。其视频采集终端可接入原有的安防系统。

5 系统传输设计

5.1 传输网络

5.1.1 消防物联网标准高于城市消防远程监控系统,但其通信传输的基本要求须符合现行国家标准《城市消防远程监控系统》GB 26875 的有关规定。

5.1.2 传输网络的可靠性是其基本的条件。这里对传输网络方式没有做强行的要求,网络的选择在满足可靠的前提下,应根据实际情况来决定。

5.1.3 信息运行中心至消防数据交换应用中心的传输网络推荐采用运营商专线的方式直接接入城市的骨干网。骨干网(Backbone Network)指用来连接多个区域或地区的高速网络。不同的网络供应商都拥有自己的骨干网,用以连接其位于不同区域的网络。每个骨干网中至少有一个和其他骨干网进行互联互通的连接点。这也是考虑到网络的可靠性和传输的经济性。

在消防设施物联网系统的传输环节中,主要有传感器和系统信息装置、物联网用户信息装置、信息运行中心、消防数据交换应用中心。其相互之间的传输关系参见图1。

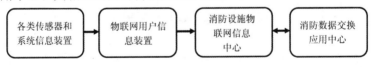

图 1　消防设施物联网系统的传输关系图

物联网信息中心至消防大数据平台的数据传输相对比较重要,也比较容易满足高质量的传输网络要求。因此,优先推荐将物联网信息中心直接部署于运营商 IDC 机房,若将物联网信息中心部署于企业内部网络,则必须通过运营商的专线直接接入城市骨干网以确保传输和访问的可靠性。

5.1.4 这里对传输网络不做特别的限制。

传输网络应优先采用智慧公安使用的通信网络。其目的在于,采用统一的网络传输,以节省投资成本,防止重复建设。

物联网用户信息装置至物联网信息中心的传输网络由于受到现场环境的局限较大,因而相应放低了要求。公用通信网是指一般的公用网络,专用通信网指运营商提供的专用网络或虚拟专用网络,包括企业的、公安建的专网,两者皆可以使用。具体的传输网络选择,推荐使用以太网、光纤等相对比较可靠的宽带上网公用网络,或者运营商提供用于物联网数据传输的窄带物联网公用网络和物联网专用网络。

5.1.5 传感器的传输网络选择同样在确保可靠性的前提下,可根据现场实际情况来进行选择。对于有线通信网络,推荐使用以太网或者 RS485,但不建议使用数据传输容易受到干扰、不够稳定的电力线载波通信。

对于无线通信网络,推荐使用蜂窝、LoRa、NB-IoT、eLTE 方式,不推荐使用容易收到信号频率干扰的 ZigBee 方式。其中,蜂窝属于运营商提供的公用网络,NB-IoT 属于运营商提供的窄带物联网,LoRa 和 eLTE 属于无线专网。

5.2 传输协议与传输安全

5.2.2 物联网信息中心与消防大数据平台对接的传输协议建议使用 HTTP 或者 HTTPS 协议。具体协议要求参考本标准附录 A 中规定,其中一些参数的确定也包含了消防设施物联网系统管理层对系统运行平台的一些监管的要求。

HTTP 和 HTTPS 都是使用非常广泛的协议。现行国家标准《城市消防远程监控系统 第 3 部分：报警传输网络通信协议》GB/T 26875.3是 GB 26875 规定的协议。MQTT 是 IBM 提出的一个即时通信协议，广泛使用于物联网领域，Modbus 是一个工业现场总线协议。

5.2.3 物联网用户信息装置至物联网信息中心的传输协议既可以使用 TCP 协议也可以使用 UDP 协议，但如果使用 UDP 协议，必须采取措施对数据传输的可靠性进行保障。

5.2.4 若传感器是直接上传数据到物联网信息中心，建议使用 TCP 协议或者 UDP 协议。若传感器是接入物联网用户的信息装置，建议使用 Modbus 方式。对于应用层的物联网协议，推荐使用 MQTT 协议和 CoAP 协议。

Modbus 是一个使用广泛的工业现场总线协议，MQTT 和 CoAP 也是广泛使用于物联网领域，这样有利于今后消防设施物联网各服务商之间的协议统一和兼容。CoAP 是 6LowPAN 协议中的应用层协议。基于 REST 架构的 CoAP 协议可以解决传统的 HTTP 协议应用在物联网上就显得过于庞大而不适用的问题。

5.2.5 针对传感器的信号接口，也需满足现行国家标准《信息技术 传感器网络 第 701 部分：传感器接口：信号接口》GB/T 30269.701 的有关规定。

5.2.6 从消防设施物联网系统的安全性考虑，需通过身份认证、传输加密、数据校验等方式确保数据传输的安全性、保密性和完整性。消防物联网的数据根据其相应的影响，按现行国家标准《信息安全技术　信息系统安全等级保护基本要求》GB/T 22239 的要求，需要使用相应的数据保护措施。

6 系统应用

6.1 一般规定

6.1.1 这里对消防设施物联网的应用层设计提出了一些通用的要求。开放性是为了保证其拓展能力,标准性是指要符合本标准相应的要求,容灾能力是为了确保应用的可用性以及数据的安全性。

6.1.2 明确系统运行平台应由消防设施物联网服务的软件提供。除了搭建系统运行平台外,服务商还必须建立业主应用平台、物业应用平台和维保应用平台,以便针对不同的用户使用。从系统运行平台可以衍生出业主应用平台、物业应用平台和维保应用平台等应用平台。

6.1.3 本条规定消防设施物联网服务商设有供每日24h人工客服和数据应用平台的管理值班室的要求。在值班室内宜设置消防数据交换应用中心可查看的视频采集终端,以便于消防管理部门对其的监管,并供消防数据交换应用中心的查看。

　　设有每日24h人工客服对报警信息进行及时通知,强调在值班室的报警、通知和软件维护。

6.1.4 这里对数据应用平台提出了协助消防监管的要求。

6.2 数据处理与系统运行

6.2.1 系统运行平台应对收集的数据进行有组织的处理,并输出数据处理的结果,形成一个完整的环节。

6.2.2 数据的及时维护和更新也是消防设施物联网服务的任务

之一。这是一个实时处理的过程,则需要可靠的响应的机制来保证。

6.2.3 考虑到上海的城市建筑规模,预计最大接入的建筑物数量在 20 万~30 万栋,每栋建筑物的物联网传感设备可能会有多个。对于每个信息运行中心来说,应该至少具备 10 000 个并发接入量的处理能力,以确保能满足实际情况下的客户需求。

TPS 为 Transaction Processing Systems 的缩写,是一个日常业务处理的事务处理系统。

6.2.4 本条提出系统运行平台的数据处理输出的要求。

设施完好率反映了建筑物消防设施的实际情况。物业处理及时率反映了物业的履职情况。物业巡检达标率反映了物业是否达到物业消防安全要求的巡检频率,以及按内容进行相应的工作。维保维修及时率反映了对于故障点位的处理是否存在超期,它是维保维修工作的一个直观展示。维保达标率反映了维保在正常的维护保养过程中是否达到了消防设施维护保养规定的要求。以上这些指标可以综合地反映建筑物的实际消防安全水平。

6.2.5 数据的识别和可视化是发展的方向之一。本条提出展示的具体要求。

本条对联动所须包含的数据内容进行了要求。通过点位描述、设备类型、所属消防系统、设备分布点位可以完整的描述一个点位的特性,通过设备状态来反映联动的结果是否正常。联动信息的可视化能够达到可阅读的状态。从火警开始到联动结束完整的展示某一次联动,便于后续对联动信息的处理和判断。

6.3　社会单位

6.3.1 社会单位在接入消防设施物联网系统后,应建立业主应用平台和物业应用平台。

社会泛指由于共同利益而互相联系起来的人群；单位是指机关、团体或属于机关团体的部门。本标准中的社会单位泛指机关、团体、企业、事业单位。其消防设施物联网的应用从使用性质上可为业主和物业。社会团体是当代中国政治生活的重要组成部分。中国目前的社会团体都带有准官方性质。《社会团体登记管理条例》规定，成立社会团体必须提交业务主管部门的批准文件。业务主管部门是指县级以上各级人民政府有关部门及其授权的组织。社会团体实际上附属在业务主管部门之下。根据1998年10月25日国务院公布实施的《民办非企业单位登记管理暂行条例》规定，民办非企业单位是指企业事业单位、社会团体和其他社会力量以及公民个人利用非国有资产举办的，从事非营利性社会服务活动的社会组织。它的一个明显特征是：不是由政府或者政府部门举办的。社会单位是目前业界对相关单位的习惯统称。

　　消防设施物联网的根本目的还在于加强落实单位的消防主体责任，所以物业应用平台是必须有的核心平台。对于多栋建筑物的社会单位，通过统一的物业应用平台进行统一的监管能够帮助社会单位更好地提升管理。

6.3.2　物业应用平台的基本功能应包括本条中的功能。其中多种方式的查询和通知功能能够确保信息的畅通。火警和故障的在线处理流程能够帮助社会单位跟踪问题的处理结果。基本信息和人员信息的维护是平台正常运转的基础。消防设施的展示和查询能够让用户随时了解建筑物内消防设施的构成和状态。联动信息的展示能够帮助用户了解实际的消防设施运行情况，也能够在火警时提供辅助的现场情况确认。消防巡检功能能够帮助社会单位落实消防设施的日常管理。

　　维护保养的监督可以根据消防设施维护保养规定来要求维护保养公司进行日常的维护保养，记录相应的维护保养动作，以此来帮助社会单位监管维护保养公司的日常工作。月度、季度、年度的物联网数据报告,能够指导社会单位下一工作周期内的消防工作。应用平台应能记录和查看操作历史,以确保每一次操作都可追溯,这也是进一步落实人员的职责。记录消防培训、防火巡查、防火检查等人员活动信息是为了收集社会单位的日常消防管理行为。使用权限的管理是平台的基本功能,为数据的安全和操作的可控提供了帮助。

6.3.3 建筑设施消防物联网的数据,不仅仅应用于日常的信息查询、推送和流程处理,也应用于评估整个建筑物的消防安全风险,从宏观层面上对于社会单位的工作结果进行评价。

6.3.4 对于消防安全风险评估的结果,社会单位必须引起重视,及时进行改进工作。留档整改信息的目的也是为了能够实现全过程的记录。它也体现了物业单位对于维保单位的工作评价。在长期的运行中,通过这样的评价能够有效地对维保单位的履职进行正面的激励。

6.3.5 建筑消防设施物联网也是对消防监管的帮助,通过电子消防监督,能够高效地帮助消防部门全面了解辖区内建筑物的实际消防设施运转情况,也督促社会单位确保消防设施的完好有效。

消防部门的相关任务有监督执法检查、提醒、宣传等内容。提出的任务是否及时完成,可以利用信息反馈的功能进行相关的确认。

6.4 维保单位

6.4.1 社会单位在接入建筑消防设施物联网后应建立维保应用平台。维保应用平台有助于维保单位的管理。

6.4.2 除与物业应用平台类似的基础功能外,维保应用平台强调了在线的故障处理流程以及通过手持终端设备确保维保真实性的功能。在线的故障处理流程能够确保所有的维修记录可查询、可追溯、可统计,手持终端设备避免了维保不及时的情况。

消防安全风险评估除了推送给物业单位之外,也需要让维保单位了解,从而督促维保单位落实自身的责任。

6.4.3 维保应用平台除了有提醒维保单位及时对故障进行修复功能外,对由于业主因素未能及时修复的情况,维保单位也可通过维保应用平台的在线故障处理功能上传相应的凭证。这有利于解决双方在处理修复功能上相互推诿的问题,有利于提高消防监管的水平。

6.4.4 维保单位的在线维保功能可及时进行维保工作,有利于提高工作效率。

6.4.5 维保单位根据社会单位维保评价反馈,进行自身的改进工作。这种利用物联网技术形成消防管理的封闭循环方式,促进社会消防水平的提升。

6.4.6 建筑物消防安全风险评估报告对维保单位也具有指导作用。

6.5 管理部门

6.5.1 消防数据交换应用中心由公安机关或公安消防机构建立,对消防设施物联网系统进行监管。这明确了消防部门对于社会单位消防工作的监管层级关系。

基于消防设施实际运行数据进行监督抽查,从而使监督抽查更加有效。向社会公布监督抽查任务及其结果,体现了消防公平、公开、公正的原则。

6.5.2 消防数据交换应用中心提供系统运行平台的数据交换接口。

6.5.3 本条规定了消防数据交换应用中心的基本功能,包括信息的查询,以及物业单位、维保单位的履职情况,从而帮助消防部门根据实际数据进行监管。同时,根据设定的隐患规则来定义隐患,通过电子消防执行来实现远程监督,从而实现了隐患的发生－处理－执法－消除全过程管理。

消防数据交换应用中心应能从消防设施物联网服务的软件系统运行平台的接口调用和接受所需数据;应能基于 GIS 地图对辖区内消防物联网整体情况进行展示,并能查看单个建筑物物联网详细情况;应对基于消防设施物联网服务的数据进行大数据分析及研判,应对区域火灾风险隐患进行提示,并应对社会单位履职情况和维保单位履职情况进行判定;应设定相应监督管理规则,应支持对违法行为进行电子监督;应支持对消防设施物联网服务所提供的数据进行研判,并应对数据质量不符合要求的服务商予以相应的处理。

消防数据交换应用中心的平台展示应包括联网的消防物联网的用户建筑物基本信息、联网情况统计、用户建筑物消防设施运行情况以及联网用户建筑物消防安全情况,包含消防设施完好率、物业处理及时率、物业巡检达标率、维保维修及时率、维保达标率和消防安全评分。

消防数据交换应用中心可根据辖区消防设施运行状态制订每月、每季度监督抽查计划,应通过电子监督下发社会单位,并应对社会公布。消防数据交换应用中心可定期对物业单位、业主单位、维保单位、消防设施物联网服务进行数据分析并应形成可作为消防部门管理、监督、许可的依据的报告。

6.5.4 在数据时代,需要提出信息的共享,防止产生信息的"孤岛"。因此,消防数据交换应用中心应支持与其他的政府信息平台对接和数据共享。

7 施 工

7.1 一般规定

7.1.1 消防设施物联网系统的施工虽然不属于消防系统,但考虑到它与消防系统紧密相关,传感器的安装涉及到消防设施。为确保工程施工的专业性,因此要求由具有相应等级资质的施工队伍实施。

由于消防设施物联网系统的现场施工以传感器安装、布线为主,现场对消防设施了解的程度有限,则提出具有消防资质的施工队伍承担。同时,提出对消防设施物联网服务商的要求,需提供现场施工的技术支撑服务。因此,消防设施物联网服务商应提供现场施工的技术支撑服务。

7.1.2 消防设施物联网系统作为消防工程的一部分,其系统相对独立。按工程施工、验收的方法,也分为相对独立的几个部分。即划分为分部工程、子分部工程、分项工程。这里仅仅针对物联网的安装而非消防设施的安装。

7.1.3~7.1.9 消防设施物联网系统施工按常规的工程建设中施工的程序和要求执行。

7.1.10 消防设施物联网系统用于改善原有消防设施,提高消防设施的维护管理能力,不能由此降低消防设施的可靠性。因此,施工完成后不得影响原有消防设施系统的消防功能。这一点在规范执行中需要引起足够的重视。

7.1.11 对于既有安装的消防设施增加物联网系统,在施工期间,因施工需要临时停用火灾自动报警系统、消火栓系统、自动喷水灭火系统、机械防烟和机械排烟等消防设施时,应经管理方审批通过。

当需要局部停用,应采取必要的加强措施、制订确保消防安全的专项应急预案。

7.2 进场检验

7.2.1 消防物联网系统施工前,应对设备、材料及配件进行进场检查。这里需要注意进场的设备、材料及配件要满足设计要求,部分产品需要进行产品认证。

考虑到建筑消防设施物联网所加装的传感器数量有限,因此采用全数检查的方式。所有产品必须具备相应的产品合格证书、检验报告,并需与施工清单一致。

7.2.2 列出了传感器检验的相关要求和标准。

7.3 安 装

7.3.1、7.3.2 消防设施物联网系统和设备的安装要求。

水系统信息装置和风系统信息装置可采用螺纹紧固的方式与墙面或地面连接。

压力传感器、流量传感器与消防管道连接应保证连接处无渗漏,水位传感器应按规定安装。传感器与流体的方向宜垂直安装,水系统的压力传感器前端宜设置旋塞阀门,以便于日后的检修。

7.3.3 针对使用的操作系统、数据库系统等平台软件应具有软件使用(授权)许可证,采用技术成熟的商业化软件产品,提高消防设施物联网系统的可靠性。

8 系统调试与验收

8.1 系统调试

8.1.2 本条为消防设施物联网系统调试前应具备的条件。

强调软件系统调试需由消防设施物联网服务商承担,主要考虑到其专业性较强的特点。在这里不存在软件安装、调试的资质要求。

8.1.3 系统调试应包括7项内容。火灾自动报警系统的接口数据采集可在传感器的调试和测试过程中进行。

8.1.4~8.1.8 针对功能和性能要求对消防设施物联网系统、设备进行调试和测试。

物联网用户信息装置是整个消防物联网的核心,而火警信息和建筑消防设施运行状态的信息是否能够及时传输到物联网数据平台是最核心的指标。

水信息采集传感器设备要确保其传输数据的准确性,在调试和测试时直接与现场的机械压力表进行校对是最方便的手段。如果与现场读数不一致,需要定位并解决问题。模拟一次现场水压变化的情况来验证整个传输及处理过程是否工作正常。

同时需要验证火警优先原则,避免因为其他数据传输造成的火警延迟问题。

8.2 系统验收

8.2.1 系统竣工后必须进行工程验收。验收应由建设单位组织质检、设计、施工、监理参加,验收不合格不应投入使用。按相关的规定,政府部门对工程建设的质量采用备案制的形式。

8.2.5 本条给出了消防设施物联网系统验收中主要设备的试验或检查的次数要求。

8.2.6 在主要的消防设施数据采集设备的功能进行验收中,检查数量的抽查数量不足最少要求数量时,可按全数检查。

8.2.7 消防设施物联网系统的软件或设备的功能也需进行验收。

软件评测指对软件性能、用途、使用价值等进行的评价和测试。系统运行平台的软件应对软件的系统功能、信息安全和系统可靠性进行的评价和测试合格。软件的评测应委托第三方检测机构进行。

9 运维管理

9.1 一般规定

9.1.1 消防设施物联网系统作为一个相对专业的系统,必须由具有专业能力的技术人员来把关运行及维护管理。

消防设施物联网系统的运行及维护管理应由具有独立法人资格的单位承担。这样,有相应的主体单位可查。

消防设施物联网系统的运行、维护管理往往由消防设施物联网服务商提供。

对单位的主要技术人员提出了消防、软件、信息通信方面的专业要求。过去的技术岗位智能楼宇管理员也可参与工作。智能楼宇管理员与弱电工程师有一定的区别。智能楼宇管理员不仅仅包含弱电工程师大部分的内容,同时也包含安防消防智能家居等在内的九大板块的培训内容,而弱电工程师仅仅是针对弱电相关部分的培训。从颁发部门来看,智能楼宇管理员是国家人保部颁发的证书,弱电工程师是国家工信部颁发的证书。

强调 5 年以上(含 5 年)的经历,以保证人员中有一定的工作经验,确保运行和维护管理的水平。

9.1.2 消防物联网系统的运行操作人员上岗前应具备熟练操作设备的能力,因此,消防设施物联网服务商可对实施项目开展相关人员的培训。

9.1.4 消防物联网系统正式运行后需要大数据的积累,需要实时的监管,因此,应每日 24h 不间断运行,不得随意关闭系统的运行。

在系统发生故障或需要维护停止、系统停时,应主动向消防数据交换应用中心报备同意。

9.2 运行管理

9.2.1 消防设施物联网系统感知设备的运行管理是消防设施物联网系统的重点工作。将消防设施物联网系统的运行管理纳入到社会单位自身的巡检和巡查工作中,并明确其检查内容,包括数据的准确性、传输的有效性,从而确保消防设施物联网系统的正常运行。

运行管理对发现异常应及时报告、处理。对于停用管理,参考一般消防设施的停用管理规定。

9.2.2 消防设施物联网服务商对消防设施物联网系统网络的运行进行管理,对运行进行实时的物联监测。

9.2.3 消防设施物联网系统的核心是数据库。本地和异地容灾是为了确保数据达到99%以上可用性。

应用服务器异地应用的切换时间不大于10s是考虑到火警传输的实时性。

9.2.4 本条对于应用安全管理提出了权限安全、内容安全、审计等基本要求。

9.2.5、9.2.6 网络安全管理定义了系统运维的需求,通过相应的措施来避免来自于网络的风险,确保消防物联网系统的不间断运行。

9.3 维护管理

9.3.1 本条对于消防设施物联网系统的维护的相关文档给予明确。

9.3.3 考虑到消防设施物联网系统的核心是消防给水系统的物联监测,因此必须要求维护管理人员掌握和熟悉消防给水系统的相关原理、性能和操作规程。

9.3.6 本条参考了城市消防远程监测系统用户信息传输装置的维护保养要求。

9.3.8 对于消防设施物联网系统的停用进行了定义,并对误报进行了严格的要求。对于误报警超过 5 次/d 的用户,应尽快采取措施有效消除误报警,并在处置期间告知消防数据交换应用中心。